高等学校测绘工程系列教材

大地测量学基础实践教程

郭际明　丁士俊　苏新洲　刘宗泉　编著

U0250243

WUHAN UNIVERSITY PRESS
武汉大学出版社

图书在版编目(CIP)数据

大地测量学基础实践教程/郭际明,丁士俊,苏新洲,刘宗泉编著.—武汉:
武汉大学出版社,2009.12(2022.7 重印)
高等学校测绘工程系列教材
ISBN 978-7-307-07177-3

Ⅰ.大… Ⅱ.①郭… ②丁… ③苏… ④刘… Ⅲ.大地测量学—高
等学校—教材 Ⅳ.P22

中国版本图书馆 CIP 数据核字(2009)第 104073

责任编辑:罗 挺 责任校对:黄添生 版式设计:詹锦玲

出版发行:**武汉大学出版社** (430072 武昌 珞珈山)
 (电子邮箱:cbs22@whu.edu.cn 网址:www.wdp.com.cn)
印刷:武汉图物印刷有限公司
开本:787×1092 1/16 印张:11 字数:265 千字
版次:2009 年 12 月第 1 版 2022 年 7 月第 5 次印刷
ISBN 978-7-307-07177-3/P · 157 定价:29.00 元

内 容 摘 要

    本书是测绘工程专业必修课"大地测量学基础"的配套用书,全书分为五章,内容包括习题与思考题、基本计算与编程、课间实习、集中实习、大地控制网技术设计与平差计算等,对于重要的大地测量计算和大地控制网平差的习题还给出了解算要点和参考答案。

    该书的目的是为学生提供大量思考题和习题,帮助学生深入理解课堂讲授的大地测量学的基本概念、基本技术和方法,并为大地测量计算和实习提供教学指导。

    本教材以测绘工程专业本科生为主要对象,也可作为相关专业学生和考研者的学习参考书。

前　　言

　　《大地测量学基础》(孔祥元,郭际明,刘宗泉编著,武汉大学出版社,2005)是教育部批准的普通高等教育"十五"国家级规划教材,并列入了"十一五"国家级规划教材出版计划。该课程涉及大量的基本概念,公式较多,有复杂的大地测量计算,同时还讲解大地测量观测技术和大地控制网布设与平差计算等。需要学生在课堂理论学习之外,还要通过课后进行实习、查阅参考资料、编程计算、完成大地控制网项目设计等环节来加深对理论知识的理解,本书作为《大地测量学基础》的配套用书,是为了给学生提供实习和课后学习等方面的指导,提高学生的实践动手能力,加强学生的编程解决大地测量计算的能力,培养学生思考问题和撰写项目报告等方面的能力。

　　本书是在总结课程组积累的多年教学经验基础上完成的。在内容上重点围绕大地测量学基本理论体系给出问题,并根据和数字测图原理与方法、误差理论与测量平差基础、GPS测量与数据处理、工程测量学等课程的先后连接关系,设置实习、计算和课程设计等方面的内容。

　　全书分为五章,其中第 1 章和第 2 章由丁士俊编写,第 3 章由苏新洲编写,第 4 章由刘宗泉编写,第 5 章由郭际明编写。孔祥元教授审阅全书并提出了修改意见,由郭际明统一修改定稿。

　　本书是武汉大学"十一五"规划教材,在出版过程中得到了武汉大学教务部、出版社和测绘学院的大力支持,在此深表感谢。

　　书中部分内容尚不够完善,或许还有错误之处,恳请广大读者批评指正,欢迎提出宝贵意见。

目　　录

第1章 习题与思考题

1.1 绪 论

①试述你对大地测量学的理解。

②大地测量的定义、作用与基本内容是什么？

③简述大地测量学的发展概况。大地测量学各发展阶段的主要特点有哪些？

④简述全球定位系统(GPS)、激光测卫(SLR)、甚长基线干涉测量(VIBL)、惯性测量系统(INS)的基本概念。

1.2 坐标系统与时间系统

①何谓开普勒三大行星运动定律？

②什么是岁差、章动与极移？

③什么是国际协议原点 CIO？

④时间的计量包含哪两大元素？作为计量时间的方法应该具备什么条件？

⑤恒星时、世界时、历书时与协调时是如何定义的？它们之间的关系如何？

⑥什么是大地测量基准？

⑦什么是天球？天轴、天极、天球赤道、天球赤道面与天球子午面是如何定义的？

⑧什么是时圈、黄道与春分点？什么是天球坐标系的基准点与基准面？

⑨何谓大地测量坐标系统与坐标参考框架？

⑩什么是椭球的定位与定向？椭球的定向一般应该满足哪些条件？

⑪简述一点定位与多点定位的基本原理，说明两者的异同。

⑫什么是参考椭球？什么是总地球椭球？新北京 54 坐标系、西安 80 国家大地坐标系、WGS84 坐标系、国家 2000 坐标系各采用何种椭球？其相应椭球的大地基准常数是哪些？

⑬就地球的自转而言地轴的变化有哪些基本特征？请简要说明。

⑭什么是惯性坐标系？协议天球坐标系,瞬时平天球坐标系与瞬时真天球坐标系如何定义？

⑮试写出协议天球坐标系与瞬时平天球坐标系,瞬时平天球坐标系与瞬时真天球坐标系的转换数学关系式。

⑯什么是地固坐标系？地心地固坐标系、参心地固坐标系如何定义？

⑰什么是协议地球坐标系与瞬时地球坐标系？如何表达两者之间的关系？

⑱如何建立协议地球坐标系与协议天球坐标系之间的转换关系？写出详细的数学关系式。

⑲什么是大地原点？大地原点有何作用？大地原点的起算数据是什么？

⑳简述1954年北京坐标系、1980年国家大地坐标系与新北京54坐标系各自的特点。

㉑什么是儒略日？儒略日如何计算？

㉒什么是国际地球自传服务（IERS）、国际地球参考系统（ITRS）、国际地球参考框架（ITRF）？ITRS的建立包含了哪些大地测量技术？请简要说明。

㉓站心坐标系如何定义？试导出站心坐标系与地心坐标系之间的关系。

㉔试写出不同平面直角坐标换算、不同空间直角坐标换算的关系式，写出上述两种坐标转换的误差方程式。

㉕什么是广义大地坐标微分方程(或广义椭球变换微分方程)？该式有何作用？

1.3 地球重力场及地球形状的基本理论

①简述地球大气中平流层、对流层与电离层的概念。

②什么是开普勒三大行星定律？试推求公式 $n^2 a^3 = GM$。

③重力是如何定义的，它与物理学中重力有何区别？重力的单位是什么？

④在引力公式 $\vec{F} = -f \dfrac{m}{r^2} \dfrac{\vec{r}}{r}$ 中，负号代表什么意义？

⑤位是如何定义的？它与引力的关系是什么？

⑥写出质点引力位、离心力位的表达式。

⑦写出引力位对任意方向偏导数的表达式。

⑧重力位有何性质？这些性质是如何得出的？大地水准面是如何定义的？水准面的不平行性给测量带来什么困难？

⑨为什么要引入"正常地球"讨论正常位与正常重力？目前一般使用的"正常地球"是什么形状？

⑩地球的几何扁率与重力扁率分别是如何定义的？如何将它们联系起来？

⑪正常位水准面与重力位水准面可以平行、相交、相切吗？正常位水准面、重力位水准面如何定义？

⑫参考椭球和总地球的扁率____，大地水准面在海洋面上与平均海水面____，水准面有无穷多个，任意一个异于大地水准面的水准面与大地水准面____（重合，相等，平行，不一定，一定不）。

⑬正常重力公式 $\gamma_0 = \gamma_e (1 + \beta \sin^2 \varphi - \beta_1 \sin^2 2\varphi)$ 用来计算什么地方的正常重力？

⑭重力位、离心力位、引力位之间有何关系？

⑮重力位与正常重力位之间有何关系？

⑯何谓扰动位？引入扰动位的概念有何意义？产生扰动位及重力异常的原因你是如何理解的？

⑰确定大地水准面的形状实际上是确定什么？

⑱如何进行重力归算？重力归算的目的是什么？

⑲椭球表面正常重力公式可表示为_____，高出椭球面H高度处点的正常重力与椭球表面的正常重力之间的关系为_____。

⑳重力扁率如何定义？它与椭球扁率有何关系？

㉑地球正常重力位水准面是什么形状？其形状方程 $r=a\left[1-\left(\mu+\dfrac{q}{2}\right)\cos^2\theta\right]$ 是如何导出的？

㉒根据重力等位面的性质，简述水准测量产生多值性的原因。

㉓试绘图表示地面一点的正高、正常高、大地高以及它们之间的关系，给出关系式并说明各项的意义。

㉔垂线偏差 (ξ,η)、大地坐标 (L,B)、天文坐标 (λ,φ) 三者之间应满足什么关系？

㉕正常高与正高有何不同？正常高能准确确定吗？为什么？

㉖有哪些高程系统？简述各自的缺点。

㉗为什么要引入力高？力高有起算面吗？

㉘什么是水准测量的理论闭合差？水准测量的观测高差一般要加入哪些改正？

㉙什么是高程的基准面和水准原点？水准原点的起算高程如何确定？

㉚我国采用过哪几种国家高程基准？这些高程基准是如何建立起来的？你对地方高程基准有了解吗？

㉛正常高与正高有何关系？为什么说在海洋上两者相等？

㉜何谓垂线偏差？据你了解测定垂线偏差有哪些方法？写出大地经纬度与天文经纬度的关系式。

㉝简述测定大地水准面差距的主要方法。

㉞确定地球形状的基本方法有哪些？

㉟n 阶地球引力位公式为 $V_n=\dfrac{1}{r^{n+1}}\left[A_nP_n(\cos\theta)+\sum\limits_{K=1}^{n}(A_n^K\cos K\lambda+B_n^K\sin K\lambda)P_n^K\cdot(\cos\theta)\right]$，说明公式中各项的含义。

1.4 地球椭球及其数学投影变换的基本理论

①为什么要选择某一参考椭球面作为测量的基准面？

②旋转椭球是怎样形成的？什么是子午椭球、子午圈、平行圈、赤道？

③决定椭球的大小与形状有哪些元素？α、e、e' 是如何定义的？试导出下列关系式：

$$b=a\sqrt{1-e^2}\,,\ a=b\sqrt{1+e'^2}\,,\ e'^2=\frac{e^2}{1-e^2}\,,\ e^2=\frac{e'^2}{1-e'^2}\,,\ e^2=2\alpha-\alpha^2.$$

④大地高、正常高、大地水准面差距、高程异常之间有何关系？

⑤子午平面直角坐标系如何定义？地面上的点在该坐标系中如何表示？如何推导子午平面直角坐标系与大地纬度的关系式？

⑥掌握空间直角坐标与大地坐标关系的建立过程，编写两坐标相互转换的计算程序。

⑦试推求空间直角坐标与大地坐标间的微分关系式（选做题）：

$$\begin{bmatrix}\mathrm{d}X\\\mathrm{d}Y\\\mathrm{d}Z\end{bmatrix}=\begin{bmatrix}-(M+H)\sin B\sin L & -(N+H)\cos B\cos L & \cos B\sin L\\-(M+H)\sin B\cos L & (N+H)\cos B\sin L & \cos B\cos L\\(M+H)\cos B & 0 & \sin B\end{bmatrix}\begin{bmatrix}\mathrm{d}B\\\mathrm{d}L\\\mathrm{d}H\end{bmatrix},$$

$$\begin{bmatrix} dB \\ dL \\ dH \end{bmatrix} = \begin{bmatrix} -\dfrac{\sin B\cos L}{M+H} & -\dfrac{\sin B\sin L}{M+H} & \dfrac{\cos B}{M+H} \\ -\dfrac{\sin L}{(N+H)\cos B} & \dfrac{\cos L}{(N+H)\cos B} & 0 \\ \cos B\cos L & \cos B\sin L & \sin B \end{bmatrix} \begin{bmatrix} dX \\ dY \\ dZ \end{bmatrix}.$$

⑧什么是法截面和法截线？什么是卯酉面与卯酉线？什么是斜截面和斜截弧？

⑨子午线、平行圈、赤道、卯酉线中哪些是法截线弧？为什么？

⑩如何根据公式分析子午线曲率半径和卯酉曲率半径随纬度的变化规律？

⑪椭球面上某一点子午线的曲率半径为 M，卯酉线的曲率半径为 N，平均曲率半径为 R。试比较 M、N、R 三者数值大小关系，在何处三者大小相等？

⑫证明 R_A 在球面上是个定值，分析在椭球面上的哪点与 R_A 及方向无关。

⑬在椭球面上一点必有一方向的法截弧曲率半径正好等于该点两主曲率半径的算术平均值，试推导该法截弧方位角的表达式。若该点大地纬度 $B=45°$，试求出这个方位角值(已知公式: $R_A=\dfrac{N}{1+e'^2\cos^2 B\cos^2 A}$，$e'^2=0.006693421$，精确至 $0.01''$)。

⑭已知 A、B、C、D 四点，其大地坐标分别为 A($30°$,$112°$)、B($30°$,$113°$)、C($0°$,$113°$)、D($0°$,$112°$)。试画出 A、B、C、D 四点任意两点之间的正反法截弧及大地线，并画出这些大地线在相应高斯投影六度带的投影形状。

⑮根据公式 $R_A=\dfrac{MN}{N\cos^2 A+M\sin^2 A}$，分析 R_A 随 A 的变化规律。

⑯子午线弧长正算公式为 $X=a_0 B-\dfrac{a_2}{2}\sin 2B+\dfrac{a_4}{4}\sin 4B-\dfrac{a_6}{6}\sin 6B+\dfrac{a_8}{8}\sin 8B$，式中 a_0、a_2、a_4、a_6 为已知系数。试说明采用迭代法，已知 X 求 B 的具体过程，并写出计算步骤。

⑰由子午线弧长计算大地纬度有迭代法(参照教材)与直接解法(参照陈健等编:《椭球大地测量学》)，它们计算结果的精度如何考虑？

⑱什么是相对法截线？产生相对法截线的原因是什么？

⑲在椭球面上哪两点的相对法截线合而为一？此法截线是不是大地线？为什么？

⑳椭球面上的所有法截线是否都是大地线？试用大地线的定义来加以说明。

㉑掌握球面直角三角形解算的基本公式。

㉒什么是大地线？试推求大地线微分方程:

$$dB=\dfrac{\cos A}{M}dS, \quad dL=\dfrac{\sin A}{N\cos B}dS, \quad dA=\dfrac{\sin A}{N}\tan B dS.$$

大地线微分方法在大地问题解算中有何作用？

㉓若椭球面上有一条大地线，其大地线常数 $C=a$(a 为椭球长半轴)，则该大地线是什么？若 $C=1996.5km$，则该大地线在北纬最高纬度处的平行圈半径是多少？

㉔地面方向观测值与距离观测值如何归算到椭球面上？

㉕概述将椭球面上的一个三角网投影到高斯平面上的计算过程。

㉖何谓大地主题解算？什么是大地主题正算与反算？大地主题解算有何用途？

㉗简要叙述采用勒让德级数进行大地主题解算的基本思想。

㉘说明用贝塞尔方法解算大地主题解算的基本思想,掌握贝塞尔大地主题解算的计算过程。

㉙在经典大地测量数据处理中,大地主题解算有何作用?

㉚什么是勒让德定理?应用勒让德定理解算球面三角形的基本思想是什么?

㉛什么是球面角超?如何计算?

㉜已知参考椭球为克拉索夫斯基椭球,并且有:

（1）$L_1 = 130° 10' 12''.2676$，$B_1 = 40° 02' 35''.6784$，$L_2 = 130° 12' 01''.1040$，$B_2 = 40°45'47''.9027$；

（2）$L_1 = 115° 10' 00''.0000$，$B_1 = 40° 02' 35''.6784$，$L_2 = 118° 10' 03''.0000$，$B_2 = 43°00'55''.8784$；

（3）$L_1 = 115° 10' 00''.0000$，$B_1 = 40° 02' 35''.6784$，$L_2 = 123° 10' 00''.0000$，$B_2 = 32°02'00''.0000$；

试计算 S_{12}、A_{12}、A_{21}。

参考答案:

（1）$S_{12} = 80\,000.000$，$A_{12} = 1°49'43.004''$，$A_{21} = 181°50'53.548''$；

（2）$S_{12} = 414\,306.538$，$A_{12} = 36°12'01.027''$，$A_{21} = 218°11'26.798''$；

（3）$S_{12} = 1143\,360.835$，$A_{12} = 138°31'19.971''$，$A_{21} = 323°14'43.445''$。

㉝大地主题正算练习(选自赵文光著《椭球大地测量学研究》),见表1-1。

表1-1   大地主题正算练习

算例		例1(80km)	例2(410km)	例3(1140km)
参考椭球		克拉索夫斯基椭球	克拉索夫斯基椭球	克拉索夫斯基椭球
起算数据	a	6378245.000m	6378245.000m	6378245.000m
	e'^2	0.00673852540	0.00673852540	0.00673852540
	B_1	40°02'35''.6784	40°02'35''.6784	40°02'35''.6784
	L_1	130°10'12''.2676	115°10'00''.0000	115°10'00''.0000
	A_{12}	1°49'43''.000	36°12'01''.027	138°31'19''.971
	S_{12}	80000.000m	414306.538m	1143360.835m
计算值	B_2	40°45'47''.9027	43°00'55''.8784	32°02'00''.0000
	L_2	130°12'01''.1040	118°10'03''.0000	123°10'00''.0000
	A_{21}	181°50'53''.545	218°11'26''.797	323°14'43''.445

㉞地图投影按投影参照体的轴线方向如何分类?

㉟什么是高斯平面直角坐标?

㊱为什么要分带?如何分带?国家统一坐标系是如何规定的?

㊲三度带与六度带的分带方法有什么关系?三度带这样分有什么好处?

㊳椭球面元素归算到高斯平面包含哪些内容?

㊴正形投影的特点是什么?如何根据长度比推求正形投影的一般公式(即柯西—黎曼条件)?

㊵高斯投影应满足的三个条件是什么?为什么说高斯投影是正形投影的一种?

㊶在椭球面上,高斯投影的长度比与什么有关?中央子午线投影后长度比有何特性?沿什么方向长度比变化最快、什么方向变化最慢?为什么?

㊷什么是高斯投影的正反算?高斯投影的三个基本条件在正反公式推导中起什么作用?

㊸试证明在高斯投影正算公式中 $m_3 = N\cos^3 B(1-t^2+\eta^2)/6$。

㊹高斯投影反算计算中 B_f 与 B 有何不同? B_f 如何求得?

㊺编写高斯投影正反算程序,进行计算练习(参见《大地测量学基础教材》示例)。

㊻试推求高斯平面坐标与大地坐标间的微分公式(选做题):

$$\begin{bmatrix} dx \\ dy \end{bmatrix} = \begin{bmatrix} x_B & x_L \\ y_B & y_L \end{bmatrix} \begin{bmatrix} dB \\ dL \end{bmatrix},$$

$$\begin{cases} x_B = N\left[(1-e^2)/W^2 + \dfrac{1}{2}(1-2\sin^2 B + e^2\sin^2 B\cos^2 B)l^2 \right] \\ x_l = N\left[l + \dfrac{1}{6}(5-6\sin^2 B)l^3 \right]\sin B\cos B \\ y_B = -N\left[(1-e^2)l/W^2 + \dfrac{1}{6}(5-6\sin^2 B)l^3 \right]\sin B \\ y_l = N\left[1 + \dfrac{1}{2}(1-2\sin^2 B + e^2\cos^2 B)l^2 \right]\cos B \end{cases}$$

㊼在进行高斯投影正反算计算时,计算结果的精度如何确定?已知数据与计算结果的有效数位如何加以考虑?

㊽什么是平面子午线收敛角?它有何用途?

㊾什么是方向改化?它有何作用?

㊿什么叫距离改化?在什么情况下需要进行距离改化计算?

51为什么要邻带换算?如何进行邻带换算?

52已知点 A(六度带第 21 带)和点 B(三度带第 42 带)两点的高斯平面坐标值,回答以下问题:(1)求 A、B 两点间的平面直线距离;(2)求 A、B 两点的大地坐标;(3)求 A、B 两点间的大地线长度及其正反大地方位角。

53已知某控制点在六度带内坐标为 $x_1 = 1923011.354$,$y_1 = 20701641.064$,编程计算该点 21 带的坐标(参考答案:$x_2 = 1926685.567$,$y_1 = 21063665.915$)。

54已知 B 点的大地坐标 $L = 125°51'57''.8300$,$B = 41°23'57''.0800$,试用高斯投影坐标正算公式求出它的高斯平面直角坐标,并进行反算校核。

55某点 P 在高斯投影六度带的坐标 $X_A = 3026255m$,$Y_A = 20478561m$,试计算该点在三度第 39 带的高斯平面坐标。

56如何由大地坐标方位角计算坐标方位角? γ 与 δ 的符号如何确定?

57高斯投影既然是正形投影,为什么要引入方向改正?

58长度比和距离改正有何区别?有何联系?

59城市独立坐标系与工程独立坐标系一般是如何定义的?

60工程测量与城市测量中,为什么要提出投影带和投影面的选择问题?有哪些可选择的途径?

61城市测量与工程测量投影带和投影面选择的原则是什么?

⑫何谓横轴墨卡托投影？横轴墨卡托投影有何特点？
⑬什么是兰勃脱投影？兰勃脱投影的变形有何特征？

1.5　大地测量基本技术与方法

①建立国家平面大地控制网的方法有哪些？目前主要采用哪些方法？
②试阐述建立国家平面大地控制网的布设原则。
③控制网设计书一般包含哪些主要内容？
④什么是控制网的优化设计？控制网的优化设计大体上分为哪几类？
⑤优化设计的方法有哪些？怎样进行控制网优化设计？
⑥何谓控制网的可靠性？什么是内部可靠性与外部可靠性？
⑦国家高程控制网的布设原则有哪些？各等级高程控制网有何作用？
⑧如何理解水准测量精度评定公式 $M_\Delta = \pm\sqrt{[\Delta\Delta/R]/(4 \cdot n)}$、$M_w = \pm\sqrt{[WW/F]/N}$？它有什么作用？它与水准测量平差得到单位权中的误差有何区别？
⑨在什么情况下水准测量需要加重力改正？为什么要加重力改正？
⑩精密水准测量的主要误差来源有哪些？在实际作业过程与数据处理中如何削弱与消除？
⑪精密水准测量作业的一般规定有哪些？这些规定有何作用？
⑫何谓水准测量的间歇点？规范中对间歇点有何要求？
⑬精密水准测量的概算包含哪些内容？为什么要加上相应的改正？
⑭跨河水准测量的方法有哪些？它们的主要特点是什么？
⑮掌握徕卡全站仪编码读盘与光栅读盘测角的基本原理，了解徕卡 TC 系列与 TPS 系列仪器的特点与功能。
⑯徕卡系统 TPS1200 超站仪有何特点？
⑰目前常用的气泡式精密水准仪、自动安平精密水准仪、数字水准仪的型号有哪些？主要特点是什么？
⑱精密水准仪与水准尺和普通水准仪与水准尺有何不同？
⑲什么是大气折射率？电磁波测距仪大气改正公式是如何导出的？
⑳简述相位式测距仪与脉冲式测距仪测距的基本原理。
㉑采用可变频率法与固定频率法如何确定整周相位数 N？试简述各自的基本原理。
㉒电磁波测距的主要误差来源有哪些？观测距离一般要加入哪些改正计算？
㉓测距的标称精度公式一般表示为 $m_s = \pm(a+b\times S)$，式中各符号代表什么含义？
㉔测距的标称精度公式一般采用什么方法来加以检验？简述其基本方法。
㉕什么是绝对重力测量与相对重力测量？
㉖测定绝对重力与相对重力的方法有哪些？
㉗在进行相对重力测量时，为何需要联测一些绝对重力点？
㉘什么是重力基准？请简述目前我国的重力基准的现状。
㉙试简要叙述 GPS 测量定位的基本原理。
㉚什么是绝对定位？何谓相对定位？
㉛GPS 网的布网形式有哪些？说明各自特点以及适用范围。

㉜如何建立 GPS 基线向量在地心空间直角坐标系中的平差数学模型?

㉝掌握 GPS 基线向量与地面观测值三维网与二维网平差的数学模型。三维网平差、三维网联合平差、三维网约束平差等平差方法有何不同?

㉞掌握 GPS 观测值与地面观测值的二维平差的数学模型。

1.6　深空大地测量简介

①目前深空探测的方式有哪些? 其主要特点是什么?

②月球测绘的目标与任务是什么? 简述目前国内外月球及深空大地测量的现状。

③月球地形与地貌测绘的手段与方法有哪些?

④深空探测有哪些主要的技术方法?

⑤深空探测网布设的基本原则是什么? 简述目前深空探测网的基本概况。

第2章 基本计算与编程

《大地测量学基础》教程包含着许多测量基本计算问题,如常见坐标系的计算、坐标系之间的转换计算、椭球大地计算、高斯投影计算等。对于上述基本计算必须要求测绘专业学生加以掌握,其目的是通过计算加深学生对相关基本理论与方法的理解与掌握,有益于学生能力的培养。

采用计算机编程进行数据处理,可使用的编程语言较多,比如 BASIC、C、Tortran、Pascal、Delphi 等,不同语言各自具有不同的特点,为了方便学生对语言的初步学习,这里对 Visual Basic 语言作简单介绍,供学生参考。

2.1 编程语言简介及特点

2.1.1 Visual Basic 概述

Visual Basic(以下简称 VB)的前身是 QBASIC,语言基础是 BASIC。自从微软推出 VB 后,VB 便成为程序开发人员的首选工具。它是一套完全独立的 Windows 开发系统,是可视化、面向对象、采用事件驱动方式的结构化高级程序设计语言,利用其事件驱动的编程机制、新颖易用的可视化工具,并使用 Windows 内部应用程序接口(API)函数,采用动态连接库(DLL)、动态数据交换(DDE)、对象的链接与嵌入(OLE)以及开放式数据库访问(ODBC)等技术,可以高效、快速地建立 Windows 环境下功能强大、图形界面丰富的应用软件系统。据统计,仅在数据库系统开发领域,VB 就占了 90% 的份额。VB 是基于对象的可视化程序开发工具,其优点在于快捷简易地建立 Windows 应用程序。按使用人员来分,VB 有以下三个版本:

(1)标准版

针对一般程序人员,适合普通应用软件的开发。

(2)专业版

针对专业程序开发人员,在标准版的基础上提供了对数据库和 Internet 的支持。

(3)企业版

适合于企业设计应用软件的程序开发。

对于一般的设计者而言,只要充分发挥自身的想象力,任何人均可在较短的时间内,利用 VB 语言开发各种自己的实用程序。可视化编程的一个突出特点是具备集成开发环境,在相应的开发平台上集成了编辑器、编译连接工具、控制器箱辅助工具。在 VB 集成开发环境下包括一些主要性能,如工具箱、工具栏、工具管理器窗口、属性窗口、窗体设计器、代码编辑窗口等,同时集成环境的设置也非常灵活,开发人员可以按照自己的编程习惯进行配置。

2.1.2 VB 的基本概念

对象：可以当做一个单元的代码和数据的组合，它可以是程序中的窗体或控件，也可以是整个程序，对象有自身的状态与方法。

属性：对象具有的性质，表示对象的状态。对象的属性设置，可以在程序设计时在属性窗口中实现，也可以使用代码设置属性的值，其语法为：

对象名.属性=新值

事件：发生在对象上的事情。Windows 应用程序属于"事件驱动"模式，对象对事件的反应又称为"事件过程"。事件过程的语法为：

Sub 对象名_事件()
处理事件的代码
End Sub

事件驱动：只有当事件发生时，程序才会运行。在没有事件的时候，整个程序处于停滞状态。VB 程序中流动的不是数据而是事件，如果说属性决定了对象的外观、方法决定了对象的行为，那么事件就决定了对象之间联系的手段。

方法：对象本身包含的函数和过程。方法决定了对象可以进行的动作，方法的内容（代码）是不可见的，当我们需要使用某个对象的方法时，只需要使用以下规定格式即可：对象名.方法。

如清除窗体 Form1 上的内容：

Form1.cls.

以坐标(1920,1300)为圆心，以 800 为半径画圆，其方法为：

Form1.Circle(1920,1300),800

过程：事件发生时要执行的代码。

面向对象编程：以对象为核心，支持对象的封装机制，多态机制和继承机制（VB 不能真正支持继承机制，故从严格意义上讲 VB 不是真正意义上的面向对象编程）。

2.1.3 数据类型

VB 中有丰富的数据类型，这里仅作简单介绍。

（1）数字型

包括整型(Integer)、长整型(Long)、单精度(Single)、双精度(Double)、货币型(Currency)等。例如：Dim X As Integer。

（2）字符型(String)

字符型变量可以存储可变的字符串。

（3）布尔型(Boolean)

若一个变量包含简单的 Yes/No、Ture/Fals 信息，则可以定义为布尔型变量。例如：Dim temp As Boolean。

（4）日期型(Date)

专门用来表示时间的数值类型，可以有多种表达方式。

（5）对象型(Object)

对象变量存储的是对象的地址信息，它本身并不是一个变量，但定义为 Object 类型的

变量可以通过赋值语句指向程序能识别的任何对象。例如:

Dim Mydb As Object

Set Mydb=OpenDatabase("C:\VB6\tempDB.mdb")

这样对 Mydb 进行访问时,实际上就是对 Access 数据库 tempDB.mdb 进行访问。

(6)Variant 类型

Variant 变量类型可以存储所有的数据类型,VB 会自动执行相应的转换。但 Variant 变量类型会占用较多的资源,所以不提倡采用。

2.1.4　标准控件简介

VB 对控件有三种广义的分类。

(1)内部控件

内部控件就是在工具箱中默认出现的控件,如 CommandButton、Frame 控件等。内部控件总是出现在工具箱中,不像 ActiveX 控件和可插入对象那样可以添加到工具箱中,或从工具箱中删除,如 CommandButton 按钮(命令按钮)、Label 控件(标签)、TextBox 控件(文本框)、CheckBox 控件(复选框)、OptionButton 控件(选项按钮)、Frame 控件(框架)等。

(2)ActiveX 控件

ActiveX 控件是扩展名为.ocx 的独立文件,其中包括各种版本 Visual Basic 提供的控件(如 DBGrid、DBCombo、DBList 控件等),另外还有许多第三方提供的 ActiveX 控件。如 MSComm 控件、TabStrip 控件、Toolbar 控件等。

(3)可插入对象

如一个 Excel、Word 工作表对象。因这些对象能添加到工具箱中,故可以把他们当作控件使用。其中一些对象还支持自动化(OLE 自动化),使用这些控件就可在 Visual Basic 应用程序中编程控制另一应用程序的对象。

对于其他控件的应用请参考有关 VB 专业书籍,这里不一一介绍。

2.1.5　过程、函数与方法

Visual Basic 程序由若干子程序构成,这些子程序称为过程、函数和方法,它们都在代码窗口中设计。

1.过程(Procedure)

完成某种特定功能的一组程序代码称为过程,在 Visual Basic 程序中用关键字 Sub 和 End Sub 表示过程的开始和结束,VB 中共有两种类型的过程。

事件过程(Event Procedure):当用户在窗体上设计图形界面时,针对每个对象均有多个事件与其关连,每个对象与每个事件都可以构成一个事件驱动程序,也就是说当用户或系统在某一对象上触发某种事件时,就会引发去执行相应的事件驱动程序,完成特定的功能。事件过程是依附于每个对象上的,由特定事件引发的程序,是 VB 程序的主体。VB 在运行时会自动通过事件过程名称来识别执行哪个事件驱动程序。

Sub 对象名_事件名称()

处理事件的代码

End Sub

通用过程(General Procedure):当多个事件过程都需要完成某种公共的功能,如完成一些公共的数据计算,或对某些变量进行共同的操作,那么用户可自己建立通用过程,编写公共代码模块,供其他程序调用。通用模块的声明如下:

Sub 过程名称(参数1,参数2,…)

程序语句代码

End Sub

2.函数(Funtion)

Visual Basic 中包含两大类函数,一类是 VB 本身提供的已被封装好的通用函数,它不需要用户去创建和声明及编程,只需要直接调用;另一类是用户自定义函数。

常用函数包括数学函数、字符串函数、日期函数、类型转换函数。

用户自定义函数(Funtion Procedure):其用途与建立方法类似于通用过程,只是通用过程是单方向调用,只有参数传给过程,而没有参数值的返回;而用户自定义函数是双向的,调用时参数传入函数,函数执行完毕后返回其函数值。故用户自定义函数像变量一样有自己的类型,它决定了函数返回值的类型。其描述语言为:

Funtion 函数名称(参数1,参数2,…)As 类型名称

程序语句代码

End Funtion

3.方法(Method)

面向对象的程序设计语言为程序设计人员提供了一种特殊的过程和函数,称为方法。在 VB 中一些通用的函数与过程被编好并封装起来,作为方法供用户直接使用。方法是针对特定对象执行一项任务的过程或函数。如在早期的 BASIC 语言中,往屏幕上显示信息和向打印机打印该信息,其语句是有区别的,即用 PRINT 语句表示向屏幕打印,而 LPRINT 才是向打印机打印某信息,不同的对象完成同一任务其命令语句是不同的。而 VB 语言将打印功能封装成一特殊的 print 方法,向不同的对象上打印信息直接指明对象,调用同一方法即可完成。方法调用的语法为:

对象名称.方法

2.1.6 应用程序的设计

1.应用程序界面设计

(1)设计一个窗体

窗体对象是 VB 应用程序设计的基本构造模块,是运行应用程序时与用户交互操作的实际窗口,窗体有自己的属性、事件和方法。设计窗体的第一步是设置它的属性,窗体的属性很多,它不仅控制着窗体的外观,还控制着窗体的位置、行为等其他方面。属性可以在设计程序时在属性窗体中设置,也可以在程序运行时由代码来实现。窗体的属性有 Border-Style、Caption、Height、Left MaxButton、MinButton、Moveable、Name、ShowInTaskar、WindowState、Icon 等。

(2)向窗体上添加控件

根据自身的需要在窗体上添加不同的控件,并使用代码控制来完成不同的任务。向窗体上添加控件要使用控件工具箱和窗体编辑器。使用工具箱向窗体添加控件有两种途径:其一,在工具箱中的控件按钮上双击,则窗体的中央会出现一个相应的控件;其二,在工具箱中的控件按钮上单击,则该按钮会凹下去,鼠标指针变为+形状,然后在窗体的合适位置按

下鼠标左键即可。要删除不合适的控件只要选中该控件然后按下 DEL 键即可。

（3）设置启动窗体

除了窗体的细节设计以外，还要考虑应用程序的开始与结束，每个应用程序都有自己的入口及开始执行的地方。这里可以使用两种方法来加以实现：其一，设置启动窗体，从"工程"菜单中选择"工程属性"命令，在显示对话框中选择"通用"选项卡，在"启动对象"列表中选取新启动的窗体，单击"确认"按钮即可；其二，采用不使用启用窗体开始运行程序的方法，可在标准模块中创建一个名为 Main 的过程，如：

Sub Main( )

过程代码

End If

Main 过程必须在一个标准模块内，不能在窗体模块内。要将 Sub Main 过程设为启动对象，可从"工程"菜单中选择"工程属性"命令，在显示对话框中选择"通用"选项卡，在"启动对象"列表中选定"Sub Main"，单击"确认"按钮即可。

（4）使用函数生成的对话框

在应用程序中，可能会需要显示一些暂时性的简短的错误或警告信息，可以引起用户的注意。用户可以设计一个窗体来完成这个任务，但最简便的方法是使用 MsgBox 函数来完成，这样更直接、更为方便。MsgBox 函数可以用来在对话框中显示消息，并等待用户单击按钮，然后返回一个整型的值，让程序了解用户单击的是哪个按钮。MsgBox 函数的语法为：

MsgBox(prompt[,buttons][,title][,helpfile,context])

另外可采用 InputBox 对话框实现一些简单的数据或信息的输入，并返回包含文本框的内容的字符串，InputBox 对话框的语法为：

InputBox(prompt[,title][,default][,xpos][,ypos][,helpfile,context])

2.编写程序代码

（1）赋值语句

VB 的程序代码由语句、常数和声明部分组成。其中赋值语句使用频率最高，其语法为：

对象属性或变量＝表达式

（2）程序的书写规则

注释：注释语句可用来说明编写的某段代码或声明某个变量的目的，方便以后阅读这些源代码。要添加注释，使用"'"符号作为注释文字的开头。

断行：如果一行很长，打印和阅读不方便，可采用续行符"_"（空格后紧跟一下画线）将长语句分成多行。

将多语句写在一行：VB 通常是一行一条语句，如果在一行中写下多条语句，可使用"："作为分隔符号。

（3）变量

变量的命名：必须以字母开头，不能在变量名中出现"."、空格或嵌入"！"、"#"、"$"、"%"、"&"等符号，变量名的长度不得超过 255 个字符。

变量的声明：变量的声明语句为 Dim 变量名 As 类型。

变量的作用范围：如果同一窗体的所有过程分享同一变量，就应该把它定义为模块级变量，其方法是在窗体模块的声明段中定义该变量。单击窗体模块代码窗口的对象列表框，从中选择"通用"选项即可。在窗体模块的声明段声明变量，在除了使用 Dim 关键字外，还可以使用 Public 和 Private 关键字。用 Public 关键字声明模块级变量,变量在整个应用程序中有效,称为公共变量或全局变量,其他模块中的过程也可以使用这个变量。用 Private 关键字声明的模块级变量,本窗体中的过程可以访问它,但其他模块中的过程不能使用这个变量。与模块级变量相对,在过程中声明的变量被称为局部变量,局部变量只能在过程执行期间有效,其他代码不能使用。如果过程结束以后还需保持过程中变量的值,可使用 Static 关键字声明变量为静态变量。不同作用范围的 3 种变量的声明方式如表 2-1 所示。

表 2-1 不同作用范围的 3 种变量的声明方式

作用范围	局部变量	模块级变量	公共变量
声明方式	Dim、Static	Dim、Private	Public
变量声明的位置	过程中	模块的声明段中	模块的声明段中
能否被本模块中其他过程访问	×	√	√
能否被其他模块访问	×	×	√

(4) 常数

在应用程序之中,往往要用到一些不变的量即常量,如 pi = 3.1415926。在 VB 中,声明常数的语法为:

$$[Public \mid Private] Const\ 常数名 [As\ 类型] = 表达式$$

(5) 运算符号

算术运算:加+、减−、乘 ∗、浮点数除法/、整数除法\、幂运算^、求余数 MOD。

比较运算:大于>、小于<、大于或等于>=、小于或等于<=、等于=、不等于<>。

连接运算:+、&。

逻辑运算:逻辑非 Not、逻辑与 And、逻辑或 Or、逻辑异或 Xor、逻辑等 Eqv、蕴含 Imp。

2.1.7 简单的编程实例

运行 VB6,新建一个标准的 EXE 工程,从工具箱中双击 CommandButton 控件,在主窗体 Form1 上设置两个命令按钮 Command1 与 Command2,双击 Text 文本控件,在主窗体 Form1 上设置三个文本控件,其 Name 属性依次为 Text1、Text2、Text3,最后拖动一个标签 Label 控件放在主窗体的上中间位置。双击窗体 Form1,打开代码窗口,输入以下代码:

```
Private Sub Command1_click()'单击按钮事件
    Text3.text = Text1.text+Text2.text
End Sub


Private Sub Command2_click()'单击按钮事件
    End' 程序运行结束,退出
End Sub
```

14

```
Private Sub Form_load( )'窗体启动调入内存
    Label1.Caption="大地测量学基础实验"
    Command1.Caption="计算"
    Command2.Caption="退出"
    Text1.text="":Text2.text="":Text3.text=""'给文本框赋初值
    Text1.SetFocus  'Text1 文本框获得焦点
End Sub
```

然后运行,在 Text1 文本框与 Text2 文本框中输入数据,单击计算按钮,在 Text3 文本框中显示计算结果。

一个较好的应用程序必须要有好的用户界面,在应用程序中大多包含着许多通用的东西,如工具栏、状态栏、工具提示、上下文菜单、帮助以及选项卡对话框等。VB 具有把所有这些添加到应用程序中的能力,因此应该很好地学习掌握并加以运用。

2.2 测量中几种常用的计算

角度化为弧度、弧度化为角度以及坐标方位角的计算在测量数据处理中是经常遇到的计算问题,也是最基本的计算问题。

2.2.1 角度化为弧度

将度、分、秒形式的角度(angle)化为弧度,采用函数功能来实现,其函数值为返回的弧度值。其数据格式为:参数 angle 的整数表示度,小数点后两位表示分,小数点后第三位开始表示秒,如 180 度 34 分 54.23 秒,即 angle=180.345423。

```
Function Radian( By Val angle As Double) As Double
    Dim mm As Double, a As Double
    a=Abs(xx)
    a=a+0.0000001
    dd%=Int(a)
    ii%=Int((a-dd%) * 100)
    mm=(a-dd%) * 100-ii%
    mm=dd%+ii%/60+mm/36
    Radian=pi * mm/180
    Radian=Sgn(angle) * Radian
End Function
```

2.2.2 弧度化为角度计算

将弧度值(radian)化为度、分、秒的角度形式,采用函数功能实现,计算返回角度值。其数据格式为:函数值 qdms 的整数表示度,小数点后两位表示分,小数点后第三位开始表示秒,如 160 度 14 分 23.03 秒,即 qdms=160.142303。

```
Function qdms( By Val radian  As Double) As Double
    Dim a1,xx,second As Double
```

```
        a1 = Abs( radian)
        a1 = a1 * 180/pi
        degree% = Int( a1)
        xx = ( a1−degree%) * 60
        minute% = Int( xx)
        second = ( xx−minute%) * 60
        qdms = degree%+minute%/100+second/10000
        qdms = Sgn( radian) * qdms
    End Function
```

2.2.3 坐标方位角的计算

已知点号为 i 和 j 两点的平面坐标 x_i、y_i 和 x_j、y_j，求 i 和 j 两点的坐标方位角。先计算 $px = x_j−x_i$, $py = y_j−y_i$, 再按如下公式计算:

$$qiua = \begin{cases} \pi/2.0 & px = 0, py > 0 \\ 3.0 \times \pi/2.0 & px = 0, py < 0 \\ PZ = \arctan(py/px) & px > 0, py \geq 0 \\ PZ + \pi & px < 0 \\ PZ + 2.0 \times \pi & px > 0, py < 0 \end{cases}$$

```
Function qiua( By Val px As Double, By Val py As Double) As Double
    Dim PZ As Double
    If px = 0 Then
        PZ = pi/2#
        If py<0 Then PZ = pi * 1.5
    Else
        PZ = Atn( py/px)
        If px<0 Then PZ = PZ+pi
        If py<0 And px>0 Then PZ = PZ+pi * 2
    End If
    qiua = PZ
End Function
```

2.2.4 法方程的求逆

在计算方法中,对于法方程求逆的方法很多,这里给出一种高斯—诺当求逆法,其逆矩阵依然存放在法方程的系数矩阵 c(一维数组存储法方程系数)中:

```
Sub invsqr( )
ReDim xx( 1 To nx)
Dim H( 1 To 2000) As Double, h1 As Double, h2 As Double
For k = nx To 1 Step−1
```

```
    h1 = c(1) ; i1 = 1
    For i = 2 To nx
        i2 = i1 ; i1 = i1+i
        h2 = c(i2+1)
        H(i) = h2 / h1
        If i<=k Then H(i) = -H(i)
        J1 = i2+2
        For j = J1 To i1
            c(j-i) = c(j) +h2 * H(j-i2)
        Next j
    Next i
    i2 = i2-1 ; c(i1) = 1 / h1
    For i = 2 To nx
        c(i2+i) = H(i)
    Next i
Next k
End Sub
```

2.3 空间大地坐标与直角坐标之间的换算

2.3.1 由空间大地坐标计算空间直角坐标

已知椭球 a、e^2，大地坐标直角坐标 X、Y、Z，求大地坐标 B、L、H。计算公式如下：

$$\begin{bmatrix} X \\ Y \\ Z \end{bmatrix} = \begin{bmatrix} (N+H)\cos B\cos L \\ (N+H)\cos B\sin L \\ [N(1-e^2)+H]\sin B \end{bmatrix}$$

式中 $N = a/\sqrt{1-e^2\sin^2 B}$。

2.3.2 空间直角坐标计算空间大地坐标

已知椭球 a、e^2，大地坐标直角坐标 X、Y、Z，求大地坐标 B、L、H。

1.直接解法计算公式(参见熊介编著:《椭球大地测量学》)

(1)计算辅助量

$$e'^2 = \frac{e^2}{1-e^2}, \quad b = \frac{a}{\sqrt{1+e'^2}}, \quad r = \sqrt{X^2+Y^2}$$

(2)计算大地经度

$$L = \arctan\frac{Y}{X}, \quad L = \arcsin\frac{Y}{\sqrt{X^2+Y^2}}, \quad L = \arccos\frac{X}{\sqrt{X^2+Y^2}}$$

17

（3）计算大地纬度

$$u_0 = \arctan\left(\frac{Z}{r}\sqrt{1+e'^2}\right) = \arctan\left(\frac{Z}{r}\cdot\frac{a}{b}\right), \quad \tan B = \frac{Z+be'^2\sin^3 u_0}{r-ae^2\cos^3 u_0}$$

$$B = \arctan\left(\frac{Z}{r}+\frac{ae^2\tan B}{r\sqrt{1+(1-e^2)\tan^2 B}}\right)$$

（4）计算大地高

$$\tan u = \sqrt{1-e^2}\tan B = \frac{b}{a}\tan B, \quad u = \arctan\left(\frac{b}{a}\tan B\right)$$

$$H = \frac{Z}{\sin u}-b \ \text{或} \ H = \frac{\sqrt{X^2+Y^2}}{\cos u}-a \ \text{或} \ H = \sqrt{(r-a\cos u)^2+(Z-b\sin u)^2}$$

2.迭代解法计算公式汇编

（1）计算辅助量

$$e'^2 = \frac{e^2}{1-e^2}, \quad r = \sqrt{X^2+Y^2}, \quad c = a\sqrt{1+e'^2}$$

（2）计算大地经度

$$L = \arctan\frac{Y}{X}, \quad L = \arcsin\frac{Y}{\sqrt{X^2+Y^2}}$$

（3）计算大地纬度

$$\tan B = \frac{Z+Ne^2\sin B}{\sqrt{X^2+Y^2}}, \quad \tan B = \frac{Z}{\sqrt{X^2+Y^2}}+\frac{ce^2\tan B}{\sqrt{X^2+Y^2}\cdot\sqrt{1+e'^2+\tan^2 B}}$$

令 $\quad \tan B_0 = \dfrac{Z}{\sqrt{X^2+Y^2}}, \quad p = \dfrac{ce^2}{\sqrt{X^2+Y^2}}, \quad w = 1+e'^2$

迭代循环计算 $\qquad \tan B_{i+1} = \tan B_0 + \dfrac{p\tan B_i}{\sqrt{w+\tan^2 B_i}}$

直到满足 $|B_{i+1}-B_i| \leqslant 1\times10^{-10}$，以保证 B_f 的计算精确至 $0.0001''$

（4）计算大地高

$$H = \frac{Z}{\sin B}-N(1-e^2) \ \text{或} \ H = \frac{\sqrt{X^2+Y^2}}{\cos B}-N = \frac{r}{\cos B}-N$$

$$H = \sqrt{(r-N\cos B)^2+(Z-N(1-e^2)\sin B)^2}$$

2.3.3 计算范例与程序

计算范例1：

已知数据　L=45°，B=44°59′59.9999″，H=999999.9987。

计算结果　X=3694472.468，Y=3694472.468，Z=5194534.424。

计算范例2：

已知数据　X=1178143.532，Y=5181238.388，Z=3526461.537。

计算结果　L=77°11′22.333″，B=33°44′55.666″，H=5555.66。

计算子程序如下(直接算法):

```
Sub BLH_XYZ(b, l, H, x, y, Z, ByVal K As Integer)
    EPS = e2 / (1#-e2)
    BB = a / Sqr(1#+EPS)
    Select Case K
    Case 1
        p = Sqr(x^2+y^2)
        UO = Atn(Z * a / p / BB)
        b = Atn((Z+EPS * BB * Sin(UO)^3) / (p-e2 * a * Cos(UO)^3))
        p1 = Sqr(1#+(1#-e2) * Tan(b)^2)
        b = Atn(Z / p+a * e2 * Tan(b) / p / p1)
        l = Atn(y / x)
        If b < 0# Then b = b+2# * pi
        If l < 0# Then l = l+2# * pi
        U = Atn(BB / a * Tan(b))
        H = Sqr((p-a * Cos(U))^2+(Z-BB * Sin(U))^2)
        If (p-a * Cos(U)) < 0# Then H = -H
    Case 2
        RN = a / Sqr(1#-e2 * Sin(b) * Sin(b))
        x = (RN+H) * Cos(b) * Cos(l)
        y = (RN+H) * Cos(b) * Sin(l)
        Z = (RN * (1#-e2)+H) * Sin(b)
    End Select
End Sub
```

2.4　大地主题问题计算

参考椭球面是大地测量计算的基准面。大地坐标是椭球面上的基本坐标系,根据大地测量的观测成果(如距离与方向),从大地原点出发,逐点计算在椭球面上的大地坐标;或根据两点的大地坐标,计算它们之间的大地线长度和大地方位角,这类计算称为大地问题解算,又叫大地主题解算。大地问题解算的用途是多方面的,随着现代空间技术和航空航天、航海等领域的发展,大地问题解算(尤其是大地反算)有着更为重要的作用。鉴于各种用途与要求不同,产生了不同的大地解算方法与公式。

椭球面上大地坐标的解算比平面坐标的解算要复杂得多,正是由于这种复杂性导致了大地问题解算公式的多样化,其解算方法多达几十种。若按解算的距离来分类,一般分为短距离(400km 以内)、中距离(400~1000km)和长距离(1000~2000km);若按解法分类可分为直接解法和间接解法;若按解算精度来分类,又可分为精密公式与近似公式等。这里介绍三种方法即高斯平均引数法、贝塞尔方法与嵌套系数法的计算过程、步骤与计算程序。

2.4.1 高斯平均引数大地问题解算

1. 高斯平均引数正算计算公式（S<200km）

（1）计算辅助量公式

$$\left.\begin{aligned} e'^2 &= \frac{e^2}{1-e^2} \\ N &= \frac{a}{1-e^2\sin^2 B} \\ M &= \frac{a(1-e^2)}{\sqrt{(1-e^2\sin^2 B)^3}} \\ t &= \tan B \\ \eta &= e'^2\cos^2 B \end{aligned}\right\}$$

（2）计算 $\Delta B''$、$\Delta L''$、$\Delta A''$ 的初值

$$\left.\begin{aligned} \Delta B_0'' &= \frac{\rho''}{M_1}S \cdot \cos A_1 \\ \Delta L_0'' &= \frac{\rho''}{N_1\cos B_1}S \cdot \sin A_1 \\ \Delta A_0'' &= \frac{\rho''}{N_1}S \cdot \sin A_1\tan B_1 = \Delta L_0''\sin B_1 \end{aligned}\right\}$$

（3）计算 B_m、L_m、A_m

$$\left.\begin{aligned} B_m &= B_1 + \frac{1}{2}\Delta B_0'' \\ L_m &= L_1 + \frac{1}{2}\Delta L_0'' \\ A_m &= A_1 + \frac{1}{2}\Delta A_0 \end{aligned}\right\}$$

（4）再次计算 $\Delta B''$、$\Delta L''$、$\Delta A''$

$$\Delta B'' = \frac{\rho''}{M_m}S \cdot \cos A_m\left\{1 + \frac{S^2}{24N_m^2}[\sin^2 A_m(2+3t_m^2+2\eta_m^2)\right.$$
$$\left. + 3\cos^2 A_m\eta_m^2(t_m^2-1-\eta_m^2-4\eta_m^2 t_m^2)]\right\}$$

$$\Delta L'' = \frac{\rho''}{N_m\cos B_m}S\sin A_m\left\{1 + \frac{S^2}{24N_m^2}[t_m^2\sin^2 A_m - \cos^2 A_m(1+\eta_m^2-9\eta_m^2 t_m^2)]\right\}$$

$$\Delta A'' = \frac{\rho''}{N_m}S\sin A_m t_m\left\{1 + \frac{S^2}{24N_m^2}[\cos^2 A_m(2+7\eta_m^2+9\eta_m^2 t_m^2+5\eta_m^4)\right.$$
$$\left. + \sin^2 A_m(2+t_m^2+2\eta_m^2)]\right\}$$

（5）重复计算（3），直到计算满足

20

$$\left.\begin{array}{l}\Delta B''_{i+1}-\Delta B''_i<\varepsilon \\[4pt] \Delta L''_{i+1}-\Delta L''_i<\varepsilon \\[4pt] \Delta A''_{i+1}-\Delta A''_i<\varepsilon \end{array}\right\}$$

如按弧度计算可取 $\varepsilon=1\times10^{-10}$，按角度计算可取 $\varepsilon=0.0001''$。

（6）计算 B_2、L_2、A_2 的最后值

$$\left.\begin{array}{l}B_2=B_1+\Delta B_i \\[4pt] L_2=L_1+\Delta L_i \\[4pt] A_2=A_1+\Delta A_i\pm180°\,(A_1>180°取+,A_1<180°取-)\end{array}\right\}$$

2. 高斯平均引数反算公式（$S<200km$）

（1）$B_m=\dfrac{1}{2}(B_1+B_2)$，$\Delta B=B_2-B_1$，$\Delta L=L_2-L_1$

（2）$U=S\sin A_m=r_{01}\Delta L+r_{21}\Delta B^2\Delta L+r_{03}\Delta L^3$，$V=S\cos A_m=s_{10}\Delta B+s_{12}\Delta B\Delta L^2+s_{30}\Delta B^3$

$\Delta A=t_{01}\Delta B+t_{21}\Delta B^2\Delta L+t_{03}\Delta L^3$，式中各系数

$$r_{01}=N_m\cos B_m,\quad r_{21}=\frac{N_m\cos B_m}{24V_m^4}(1+\eta_m^2-9\eta_m^2t_m^2+\eta_m^4),\quad r_{03}=-\frac{N_m}{24}\cos^3 B_m t_m^2$$

$$s_{01}=\frac{N_m}{V_m^2},\quad s_{12}=-\frac{N_m}{24V_m^2}\cos^2 B_m(2+3t_m^2+2\eta_m^2),\quad s_{30}=\frac{N_m}{8V_m^6}(\eta_m^2-t_m^2\eta_m^2)$$

$$t_{01}=t_m\cos B_m,\quad t_{21}=\frac{1}{24V_m^2}\cos B_m t_m(2+7\eta_m^2+9t_m^2\eta_m^2),\quad t_{03}=\frac{1}{24}\cos^3 B_m t_m(2+t_m^2+2\eta_m^2)$$

注：这里对教材公式中相应系数进行了适当的修正。

（3）$A_m=\arctan\dfrac{S\sin A_m}{S\cos A_m}=\arctan\dfrac{U}{V}$

（4）$T=\begin{cases}\arctan\left|\dfrac{S\sin A_m}{S\cos A_m}\right| & |\Delta B|\geqslant|\Delta L| \\[10pt] \dfrac{\pi}{4}+\arctan\left|\dfrac{1-C}{1+C}\right| & |\Delta B|\leqslant|\Delta L|\end{cases}$ $\qquad C=\left|\dfrac{S\cos A_m}{S\sin A_m}\right|$

$$A_m=\begin{cases}T & 当\ \Delta B>0,\Delta L\geqslant0 \\ \pi-T & 当\ \Delta B<0,\Delta L\geqslant0 \\ \pi+T & 当\ \Delta\leqslant0,\Delta L<0 \\ 2\pi-T & 当\ \Delta B>0,\Delta L<0 \\ \pi/2 & 当\ \Delta B=0,\Delta L>0\end{cases}$$

（5）$S=\dfrac{S\sin A_m}{\sin A_m}=\dfrac{U}{\sin A_m}$ 或 $S=\dfrac{S\cos A_m}{\cos A_m}=\dfrac{V}{\cos A_m}$，$A_1=A_m-\dfrac{1}{2}\Delta A$，$A_2=A_m+\dfrac{1}{2}\Delta A\pm\pi$

3. 算例与计算程序

（1）正算范例

算例	例1(30km)	例2(50km)	例3(80km)	例4(400km)
参考椭球	克拉索夫斯基椭球		克拉索夫斯基椭球	
已知数据 B_1	30°29′58″.2043	40°02′35″.6784	40°02′35″.6784	40°02′35″.6784
L_1	120°05′40″.2184	130°10′12″.2676	130°10′12″.2627	115°10′00″.0000
A_{12}	247°27′50″.428	328°12′36″.7500	1°49′43″.0000	36°12′01″.027
S	28230.935	48741.758	80000.000	414306.538
参考值 B_2	30°24′05″.8354	40°24′57″.4355	40°45′47″.9027	43°00′55″.8784
L_2	119°49′23″.3852	129°52′03″.1578	130°12′01″.1040	118°10′03″.0000
A_{21}	67°19′35″.373	148°00′53″.341	181°50′53″.545	218°11′26″.797

注:例1取自朱华统《椭球大地计算》第97页算例,例2取自陈健、晁定波主编《椭球大地测量学》第90页数据,例3与例4取自赵文光著《椭球大地测量学》。

（2）反算范例

算例	例1(30km)	例2(50km)	例3(80km)	例4(410km)
参考椭球	克拉索夫斯基椭球	贝塞尔椭球	克拉索夫斯基椭球	克拉索夫斯基椭球
已知数据 B_1	30°29′58″.2043	53°50′02″.8809	40°02′35″.6784	40°02′35″.6784
L_1	120°05′40″.2184	10°12′04″.1772	130°10′12″.2627	115°10′00″.0000
B_2	30°24′05″.8354	54°13′15″.2891	40°45′47″.9027	43°00′55″.8784
L_2	119°49′23″.3853	10°30′47″.2430	130°12′01″.104	118°10′03″.000
参考值 S_{12}	28230.938	47652.597	80000.000	414306.538
A_1	247°27′50″.423	25°16′31″.978	1°49′43″.004	36°12′01″.027
A_2	67°19′35″.368	205°31′40″.880	181°50′53″.548	218°11′26″.798

注:例1取自朱华统《椭球大地计算》第100页算例,例2取自陈健、晁定波主编《椭球大地测量学》第98页数据,例3、例4取自赵文光著《椭球大地测量学》。

（3）高斯平均引数正反算计算程序

```
Sub DDZT_GS (B1 As Double, L1 As Double, A1 As Double, S12 As Double, B2 As Double,
        L2 As Double, A2 As Double, k As Integer)
    eps = e2 / (1#-e2)
    Select Case k
    Case 1
        t1 = Sin(B1); t2 = Cos(B1)
        NB = a / Sqr(1#-e2 * t1 * t1)
        MB = a * (1-e2) / Sqr((1#-e2 * t1 * t1)^3)
        dB = S12 * Cos(A1) / MB
```

```
dL = S12 * Sin(A1) / NB / Cos(B1)
dA = dL * Sin(B1)
Do
dB0 = dB; dL0 = dL; dA0 = dA
Bm = B1+dB0 / 2; LM = L1+dL0 / 2; Am = A1+dA0 / 2
t1 = Sin(Am); t2 = Cos(Am); t = Tan(Bm)
q = eps * Cos(Bm) * Cos(Bm)
n = a / Sqr(1#-e2 * Sin(Bm) * Sin(Bm))
MB = a * (1-e2) / Sqr((1#-e2 * Sin(Bm) * Sin(Bm))^3)
db1 = t1 * t1 * (2+3 * t * t+2 * q)
db2 = 3 * t2 * t2 * q * (t * t-1-(1+4 * t * t) * q)
dB = S12 * t2 * (1+S12 * S12 * (db1+db2) / n / n / 24) / MB
xt = t * t; xt1 = t1 * t1; xt2 = t2 * t2
dL1 = S12 * S12 * (xt * xt1-xt2 * (1+(1-9 * xt) * q)) / n / n / 24
dL = S12 * t1 * (1+dL1) / n / Cos(Bm)
da1 = xt2 * (2+(7+9 * xt+5 * q) * q)
da2 = xt1 * (2+xt+2 * q)
dA = S12 * t * t1 * (1+S12 * S12 * (da1+da2) / NB / NB / 24) / NB
XdB = Abs(dB-dB0) * P0 ' 常数 P0 = 206265
XdL = Abs(dL-dL0) * P0 ; XdA = Abs(dA-dA0) * P0
Loop While XdB > 0.0001 And XdL > 0.0001 And XdA > 0.0001
B2 = B1+dB; L2 = L1+dL; A2 = A1+dA
If A1 > pi Then A2 = A2-pi
If A1 < pi Then A2 = A2+pi
Case 2
Bm = (B1+B2) / 2; dB = B2-B1; dL = L2-L1
CosBm = Cos(Bm)
NB = a / Sqr(1#-e2 * Sin(Bm) * Sin(Bm))
t = Tan(Bm)
q = eps * CosBm * CosBm
v2 = 1+q; v4 = v2 * v2; v6 = v4 * v2
r10 = NB * CosBm
r12 = NB * CosBm * (1+q-9 * q * t * t+q * q) / 24 / v4
r30 = -NB * CosBm^3 * t^2 / 24
s01 = NB / v2
s21 = -NB * CosBm^2 * (2+3 * t * t+2 * q) / 24 / v2
s03 = NB * q * (1-t * t) / 8 / v6
't10 = CosBm * t
't12 = CosBm * t * (3+2 * q-2 * q * q) / 24
```

```
't30 = CosBm^3 * t * (1+q) / 12
t10 = CosBm * t
t12 = CosBm * t * (2+7*q+9*t*t*q) / 24 / v4
t30 = CosBm^3 * t * (2+t*t+2*q) / 24
SsinAm = r10 * dL+r12 * dL * dB^2+r30 * dL^3
ScosAm = s01 * dB+s21 * dB * dL^2+s03 * dB^3
dA = t10 * dL+t12 * dL * dB^2+t30 * dL^3
'计算大地正反方位角
Am = Atn(SsinAm / ScosAm)
If Am < 0 Then Am = Am+pi
If SsinAm < 0 Then Am = Am+pi
A1 = Am−dA / 2
A2 = Am+dA / 2
If A1 > pi Then A2 = A2−pi
If A1 < pi Then A2 = A2+pi
S12 = SsinAm / Sin(Am)
    End Select
End Sub
```

2.4.2 贝塞尔大地主题解算

贝塞尔大地主题解算公式的三个投影条件为:(1)投影后球面上点的球面纬度等于椭球面上对应点的归化纬度;(2)椭球面上两点间的大地线投影到辅助球面上为大圆弧;(3)大地方位角投影后数值保持不变。

1.贝塞尔大地主题正算

已知 a、e'^2、B_1、L_1、$A_1(A_{12})$、S,计算 B_2、L_2、$A_2(A_{21})$。

(1)将椭球面元素投影到球面上

①由 B_1 求 u_1:$\tan u_1 = \sqrt{1-e^2}\tan B_1$

②计算辅助量 A_0 和 σ_1

$$\sin A_0 = \cos u_1 \sin A_1, \quad \tan \sigma_1 = \tan u_1 \sec A_1$$

③计算球面长度,将 S 化为 σ

$$\sigma = \alpha S+\beta \sin\sigma\cos(2\sigma_1+\sigma)+\gamma\sin2\sigma\cos(4\sigma_1+2\sigma)$$

式中系数分别为:

$$\alpha = \frac{\rho''}{bA} = \frac{\rho''}{b}\left(1-\frac{k^2}{4}+\frac{7k^4}{64}-\frac{15k^6}{256}+\cdots\right)$$

$$\beta = \frac{B\rho''}{A} = \rho''\left(\frac{k^2}{4}-\frac{k^4}{8}+\frac{37k^6}{512}+\cdots\right)$$

$$\gamma = \frac{C\rho''}{A} = \rho''\left(\frac{k^4}{128}-\frac{k^6}{128}+\cdots\right)$$

$$k^2 = e'^2\cos^2 A_0$$

$$A = 1 + \frac{k^2}{4} - \frac{3k^4}{64} - \frac{5k^6}{256} + \cdots$$

$$B = \frac{k^2}{4} - \frac{k^4}{16} + \frac{15k^6}{512} + \cdots$$

$$C = \frac{k^4}{128} - \frac{3k^6}{512} + \cdots$$

上式右端含有代求量 σ,因此需要迭代计算。第一次迭代取近似值 $\sigma_0 = \alpha S$,第二次计算取

$$\sigma = \alpha S + \beta \sin\sigma_0 \cos(2\sigma_1 + \sigma_0) + \gamma \sin 2\sigma_0 \cos(4\sigma_1 + 2\sigma_0)$$

以后计算用 σ 代换 σ_0 代入上式迭代计算,直到所要求的精度为止。一般取 $|\sigma - \sigma_0| <$ 0.001″。

(2)解算球面三角形

①计算 A_2

$$\tan A_2 = \left[\frac{\cos u_1 \sin A_1}{\cos u_1 \cos\sigma \cos A_1 - \sin u_1 \sin\sigma} \right]$$

②计算 u_2

$$\sin u_2 = \sin u_1 \cos\sigma + \cos u_1 \cos A_1 \sin\sigma \text{ 或 } \tan u_2 = -\cos A_2 \tan(\sigma_1 + \sigma)$$

③计算 λ

$$\tan\lambda = \left[\frac{\sin A_1 \sin\sigma}{\cos u_1 \cos\sigma - \sin u_1 \sin\sigma \cos A_1} \right]$$

或

$$\tan\lambda_1 = \sin A_0 \tan\sigma_1 = \sin u_1 \tan A_1$$

$$\tan\lambda_2 = \sin A_0 \tan(\sigma_1 + \sigma) = \sin u_2 \tan A_2$$

$$\lambda = \lambda_2 - \lambda_1$$

(3)将球面元素换算到椭球面上

①由 u_2 求 B_2

$$\tan B_2 = \frac{\sin u_2}{\sqrt{1 - e^2}\sqrt{1 - \sin^2 u_2}} \quad \text{或} \quad \tan B_2 = \sqrt{1 + e'^2} \tan u_2$$

②将球面经差 λ 化为椭球面经差 l,求 L_2

$$l = \lambda - \sin A_0 \left[\alpha'\sigma + \beta'\sin\sigma\cos(2\sigma_1 + \sigma) + \gamma'\sin 2\sigma\cos(4\sigma_1 + 2\sigma) \right]$$

式中

$$\alpha' = \left(\frac{e^2}{2} + \frac{e^4}{8} + \frac{e^6}{16} \right) - \frac{e^2}{16}(1 + e^2)k'^2 + \frac{3}{128}e^2 k'^4$$

$$\beta' = \frac{e^2}{16}(1 + e^2)k'^2 - \frac{e^2}{32}k'^4$$

$$\gamma' = \frac{e^2}{256}k'^4$$

$$k'^2 = e^2 \cos^2 A_0$$

式中 γ' 的最大值为 $0.0002''$，故在计算时通常可以略去不计。

③象限的判定(参照孔祥元《大地测量学基础》第 102 页)

$\sin A_1$ 符号	+	+	−	−
$\tan\lambda$ 符号	+	−	+	−
λ	$\|\lambda\|$	$\pi-\|\lambda\|$	$-\|\lambda\|$	$\|\lambda\|-\pi$

$$L_2 = L_1 + l$$

$\sin A_1$ 符号	−	−	+	+
$\tan A_2$ 符号	+	−	+	−
A_2	$\|A_2\|$	$\pi-\|\lambda\|$	$\pi+\|A_2\|$	$2\pi-\|A_2\|$

其中 $|\lambda|$、$|A_2|$ 为锐角。

2. 贝塞尔大地主题反算

已知 a、e^2、B_1、L_1、B_2、L_2，计算 $A_1(A_{12})$、$A_2(A_{21})$、S。

(1)将椭球面元素投影到球面上

①由 B 求 u

$$\tan u_1 = \sqrt{1-e^2}\tan B_1, \quad \tan u_2 = \sqrt{1-e^2}\tan B_2, \quad l = L_2 - L_1$$
$$a_1 = \sin u_1 \sin u_2, \quad a_2 = \cos u_1 \cos u_2,$$
$$b_1 = \cos u_1 \sin u_2, \quad b_2 = \sin u_1 \cos u_2.$$

②采用逐次趋近方法，由 l 计算 λ

在反算中，已知椭球面上经差 l，球面经差上的对应经差 λ 未知，为了由 l 求 λ，由下式可知还需计算 σ、A_0、σ_1，计算 σ 又需要 λ 量，故需要进行迭代计算。

第一次趋近，取 $\lambda = l$；

$$p = \cos u_2 \sin\lambda, \quad q = b_1 - b_2\cos\lambda$$

$$\tan A_1 = \left[\frac{\cos u_2 \sin\lambda}{\cos u_1 \sin u_2 - \sin u_1 \cos u_2 \cos\lambda}\right] \quad 或 \quad \tan A_1 = \frac{p}{q}$$

在此要对 A_1 象限进行判断

p 符号	+	+	−	−
q 符号	+	−	+	+
$A_1 =$	$\|A_1\|$	$\pi-\|A_1\|$	$\pi+\|A_1\|$	$2\pi-\|A_1\|$

$$\sin\sigma = \cos u_2\sin\lambda\sin A_1+\left(\cos u_1\sin u_2-\sin u_1\cos u_2\cos(\lambda)\right)\cos A_1$$

$$\cos\sigma = \sin u_1\sin u_2+\cos u_1\cos u_2\cos\lambda$$

$$\sigma = \arctan\left[\frac{\sin\sigma}{\cos\sigma}\right]$$

在此要对 σ 象限进行判断

$\cos\sigma$ 符号	+	−
$\sigma=$	$\lvert\sigma\rvert$	$\pi-\lvert\sigma\rvert$

$$\sin A_0 = \cos u_1\sin A_1$$

$$\left.\begin{array}{l}\tan\sigma_1 = \tan u_1\sec A_1\\[2mm]\tan\sigma_1 = \dfrac{\sin u_1}{\sin A_0}\tan A_1\end{array}\right\}$$

$$\lambda = l+\sin A_0\left[\alpha'\sigma+\beta'\sin\sigma\cos(2\sigma_1+\sigma)+\gamma'\sin 2\sigma\cos(4\sigma_1+2\sigma)\right]$$

仿照上述计算步骤迭代计算,直到 $\lvert\lambda_{i+1}-\lambda_i\rvert<\varepsilon$ 为止。

（2）将球面元素换算到椭球面上

$$S = \frac{1}{\alpha}\left[\sigma-\beta\sin\sigma\cos(2\sigma_1+\sigma)-\gamma\sin 2\sigma\cos(4\sigma_1+2\sigma)\right]$$

$$\tan A_2 = \left[\frac{\cos u_1\sin\lambda}{\cos u_1\sin u_2\cos\lambda-\sin u_1\cos u_2}\right]$$

或

$$\tan A_2 = \left[\frac{\cos u_1\sin A_1}{\cos u_1\cos\sigma\cos A_1-\sin u_1\sin\sigma}\right]$$

在此要对 A_2 象限进行判断。

3.贝塞尔大地主题算例与计算程序

（1）正算算例

算例		例1（80km）	例2（400km）	例3（8000km）	例4（15000km）
参考椭球		克拉索夫斯基椭球	克拉索夫斯基椭球	克拉索夫斯基椭球	克拉索夫斯基椭球
已知数据	B_1	40°02′35″.6784	40°02′35″.6784	68°58′00″.0000	35°00′00″.2200
	L_1	130°10′12″.2627	115°10′00″.0000	33°05′00″.0000	90°00′00″.1100
	A_{12}	1°49′43″.0000	36°12′01″.027	339°49′56″.385	100°00′00″.3300
	S	80000.000	414306.538	7999606.400	15000000.200
参考值	B_2	40°45′47″.9027	43°00′55″.8784	37°44′59″.9755	−30°29′20″.9640
	L_2	130°12′01″.1040	118°10′03″.0000	−122°26′00″.0057	215°59′04″.3380
	A_{21}	181°50′53″.545	218°11′26″.797	9°01′07″.8098	290°32′53″.3880

注:例1、例2取自赵文光著《椭球大地测量学》第88和第93页算例,例3取自陈健、晁定波主编《椭球大地测量学》第111页数据。例4取自周江华:《测绘通报》,2002,5(6):108~111。

（2）反算算例

算例		例1（80km）	例2（410km）	例4（8000km）	例5（410km）
参考椭球		克拉索夫斯基椭球	克拉索夫斯基椭球	克拉索夫斯基椭球	克拉索夫斯基椭球
已知数据	B_1	40°02′35″.6784	40°02′35″.6784	68°58′00″.0000	35°00′00″.2200
	L_1	130°10′12″.2627	115°10′00″.0000	33°05′00″.0000	90°00′00″.0000
	B_2	40°45′47″.9027	43°00′55″.8784	37°44′59″.9755	−30°29′20″.9640
	L_2	130°12′01″.104	118°10′03″.000	−122°26′00″.0057	215°59′04″.3380
参考值	S_{12}	80000.000	414306.538	7999606.380	15000000.200
	A_1	1°49′43″.004	36°12′01″.027	339°49′56″.385	100°00′00″.3300
	A_2	181°50′53″.548	218°11′26″.798	9°01′07″.8099	290°32′53″.3880

注：例1、例2取自赵文光著《椭球大地测量学》第88和第93页算例,例3取自陈健、晁定波主编《椭球大地测量学》第113页数据。例4取自周江华:《测绘通报》,2002,5(6):108~111。

（3）贝塞尔算法计算程序

```
Sub DDZT_Bessel（B1 As Double, L1 As Double, A1 As Double, S12 As Double,
                B2 As Double, L2 As Double, A2 As Double, k As Integer）
eps＝e2／（1#-e2）；b＝a／Sqr（1#+eps）
Select Case k
Case 1
    U1＝Atn（Sqr（1-e2）＊Tan（B1））
    sinA0＝Cos（U1）＊Sin（A1）；cosA0＝Sqr（1-sinA0＊sinA0）
    sigma1＝Atn（Tan（U1）／Cos（A1））
    xk2＝eps＊cosA0＊cosA0；xk4＝xk2＊xk2；xk6＝xk4＊xk2
    alpha＝（1-xk2／4+7＊xk4／64-15＊xk6／256）／b
    beta＝xk2／4-xk4／8+37＊xk6／512；gamma＝xk4／128-xk6／128
    sigma＝alpha＊S12
    Do
        sigma0＝sigma
        sigma＝alpha＊S12+beta＊Sin（sigma0）＊Cos（2＊sigma1+sigma0）
        sigma＝sigma+gamma＊Sin（2＊sigma0）＊Cos（4＊sigma1+2＊sigma0）
        Dsigma＝Abs（sigma-sigma0）＊P0  '常数 P0＝206265
    Loop While Dsigma > 0.0001
    '计算反方位角 A2
    sinA2＝Cos（U1）＊Sin（A1）
    cosA2＝Cos（U1）＊Cos（sigma）＊Cos（A1）-Sin（U1）＊Sin（sigma）
```

28

tanA2 = sinA2 / cosA2；A2 = Abs(Atn(sinA2 / cosA2))

SinA1 = Sin(A1)

If SinA1<0 And tanA2>0 Then A2 = A2

If SinA1<0 And tanA2<0 Then A2 = pi−A2

If SinA1>0 And tanA2>0 Then A2 = pi+A2

If SinA1>0 And tanA2<0 Then A2 = 2 * pi−A2

' 计算大地纬度 B2

sinU2 = Sin(U1) * Cos(sigma) +Cos(U1) * Cos(A1) * Sin(sigma)

B2 = Atn(sinU2 / Sqr(1−e2) / Sqr(1−sinU2 * sinU2))

' 计算大地经度 L2

sinl = Sin(A1)* Sin(sigma)；cosl = Cos(U1)* Cos(sigma)−Sin(U1)* Sin(sigma)* Cos(A1)

tanlambda = sinl / cosl；lambda = Abs(Atn(sinl / cosl))

If tanlambda>0 And SinA1>0 Then lambda = lambda

If tanlambda<0 And SinA1>0 Then lambda = pi−lambda

If tanlambda<0 And SinA1<0 Then lambda = −lambda

If tanlambda>0 And SinA1<0 Then lambda = lambda−pi

e4 = e2 * e2；e6 = e4 * e2

xk2 = e2 * cosA0 * cosA0；xk4 = xk2 * xk2；xk6 = xk4 * xk2

alpha1 = (e2 / 2+e4 / 8+e6 / 16) −e2 * (1+e2) * xk2 / 16+3 * xk4 * e2 / 128

beta1 = e2 * (1+e2) * xk2 / 16−e2 * xk4 / 32；gamma1 = e2 * xk4 / 256

xx = alpha1 * sigma+beta1 * Sin(sigma) * Cos(2 * sigma1+sigma)

xx = xx+ gamma1 * Sin(2 * sigma) * Cos(4 * sigma1+2 * sigma)

l = lambda−sinA0 * xx

L2 = L1+l

Case 2

U1 = Atn(Sqr(1−e2) * Tan(B1))；U2 = Atn(Sqr(1−e2) * Tan(B2))

DL = L2−L1

sa1 = Sin(U1) * Sin(U2)；sa2 = Cos(U1) * Cos(U2)

cb1 = Cos(U1) * Sin(U2)；cb2 = Sin(U1) * Cos(U2)

lambda = DL

Do

    lambda0 = lambda；p = Cos(U2) * Sin(lambda0)；q = cb1−cb2 * Cos(lambda0)

    ' 计算方位角 A1

    A1 = Abs(Atn(p / q))

    If p>0 And q>0 Then A1 = A1

    If p>0 And q<0 Then A1 = pi−A1

    If p<0 And q<0 Then A1 = pi+A1

    If p<0 And q>0 Then A1 = 2 * pi−A1

```vb
' 计算 sigma
Ssigma = p * Sin( A1 )+q * Cos( A1 ) ; Csigma = sa1+sa2 * Cos( lambda0 )
sigma – Abs( Atn( Ssigma / Csigma ) )
If Csigma>0 Then sigma = sigma
If Csigma<0 Then sigma = pi–sigma
' 计算 A0 与 sigma1
sinA0 = Cos( U1 ) * Sin( A1 ) ; sigma1 = Atn( Tan( U1 ) / Cos( A1 ) )
' 计算椭球面经差 lambda
cosA0 = Sqr( 1–sinA0 * sinA0 )
e4 = e2 * e2 ; e6 = e4 * e2
xk2 = e2 * cosA0 * cosA0 ; xk4 = xk2 * xk2 ; xk6 = xk4 * xk2
alpha1 = ( e2 / 2+e4 / 8+e6 / 16 )–e2 * ( 1+e2 ) * xk2 / 16 +3 * xk4 * e2 / 128
beta1 = e2 * ( 1+e2 ) * xk2 / 16–e2 * xk4 / 32
gamma1 = e2 * xk4 / 256
xx = alpha1 * sigma+beta1 * Sin( sigma ) * Cos( 2 * sigma1+sigma )
xx = xx+gamma1 * Sin( 2 * sigma ) * Cos( 4 * sigma1+2 * sigma )
lambda = DL+sinA0 * xx
Dlambda = Abs( lambda–lambda0 ) * P0    'P0 = 206265
Loop While Dlambda>0.0001
' 计算椭球面距离 S12
cosA0 = Sqr( 1–sinA0 * sinA0 )
xk2 = eps * cosA0 * cosA0 ; xk4 = xk2 * xk2 ; xk6 = xk2 * xk4
alpha = ( 1–xk2 / 4+7 * xk4 / 64–15 * xk6 / 256 ) / b
beta = xk2 / 4–xk4 / 8+37 * xk6 / 512
gamma = xk4 / 128–xk6 / 128
xs12 = gamma * Sin( 2 * sigma ) * Cos( 4 * sigma1+2 * sigma )
S12 = ( sigma–beta * Sin( sigma ) * Cos( 2 * sigma1+sigma )–xs12 ) / alpha
' 计算椭球面反方位角 A21
sinA2 = Cos( U1 ) * Sin( A1 ) ; cosA2 = Cos( U1 ) * Cos( sigma ) * Cos( A1 )–Sin( U1 ) * Sin( sigma )
tanA2 = sinA2 / cosA2 ; A2 = Abs( Atn( sinA2 / cosA2 ) )
SinA1 = Sin( A1 )
If SinA1<0 And tanA2>0 Then A2 = A2
If SinA1<0 And tanA2<0 Then A2 = pi–A2
If SinA1>0 And tanA2>0 Then A2 = pi+A2
If SinA1>0 And tanA2<0 Then A2 = 2 * pi–A2
End Select
End Sub
```

2.5　子午线弧长计算

2.5.1　子午线弧长正算的数学模型

1.计算方法1

$$X = \alpha B + \beta \sin 2B + \gamma \sin 4B + \delta \sin 6B + \varepsilon \sin 8B + \zeta \sin 10B + \cdots$$

其中

$$\alpha = Aa(1-e^2), \quad \beta = -\frac{B}{2}a(1-e^2), \quad \gamma = \frac{C}{4}a(1-e^2)$$

$$\delta = -\frac{D}{6}a(1-e^2), \quad \varepsilon = \frac{E}{8}a(1-e^2), \quad \zeta = -\frac{F}{10}a(1-e^2)$$

$$A = 1 + \frac{3}{4}e^2 + \frac{45}{64}e^4 + \frac{175}{256}e^6 + \frac{11025}{16384}e^8 + \frac{43659}{65536}e^{10} + \cdots$$

$$B = \frac{3}{4}e^2 + \frac{15}{16}e^4 + \frac{525}{512}e^6 + \frac{2205}{2048}e^8 + \frac{72765}{65536}e^{10} + \cdots$$

$$C = \frac{15}{64}e^4 + \frac{105}{256}e^6 + \frac{2205}{4096}e^8 + \frac{10395}{16384}e^{10} + \cdots$$

$$D = \frac{35}{512}e^6 + \frac{315}{2048}e^8 + \frac{31185}{131072}e^{10} + \cdots$$

$$E = \frac{315}{16384}e^8 + \frac{3465}{65536}e^{10} + \cdots$$

$$F = \frac{693}{131072}e^{10} + \cdots$$

　　为了便于计算,常常将子午线弧长倍角计算公式转化为幂级数函数式,注意到式中 δ 以后的各项最大不超过 0.03mm,小于投影计算所需精度 0.5mm,计算时只取到 δ 项(计算过程参见陈健、晁定波主编《椭球大地测量学》)。

$$X = C_0 B - \cos B(C_1 \sin B + C_2 \sin^3 B + C_3 \sin^5 B + \cdots)$$

其中

$$\left.\begin{array}{l} C_0 = \alpha \\ C_1 = 2\beta + 4\gamma + 6\delta \\ C_2 = 8\gamma + 32\delta \\ C_3 = 32\delta \end{array}\right\}$$

2.计算方法2(参见孔祥元等编著《大地测量学基础》)

$$m_0 = a(1-e^2), \quad m_2 = \frac{3}{2}e^2 m_0, \quad m_4 = \frac{5}{4}e^2 m_2, \quad m_6 = \frac{7}{6}e^2 m_4, \quad m_8 = \frac{9}{8}e^2 m_6$$

$$a_0 = m_0 + \frac{1}{2}m_2 + \frac{3}{8}m_4 + \frac{5}{16}m_6 + \frac{35}{128}m_8 + \cdots$$

$$a_2 = \frac{1}{2}m_2 + \frac{1}{2}m_4 + \frac{15}{32}m_6 + \frac{7}{16}m_8 + \cdots$$

$$a_4 = \frac{1}{8}m_4 + \frac{3}{16}m_6 + \frac{7}{32}m_8 + \cdots$$

$$a_8 = \frac{1}{128}m_8 + \cdots$$

$$X = a_0 B - \frac{a_2}{2}\sin 2B + \frac{a_4}{4}\sin 4B - \frac{a_6}{6}\sin 6B + \frac{a_8}{8}\sin 8B + \cdots$$

2.5.2 子午线弧长反算

利用子午线弧长反算大地纬度,高斯投影坐标反算公式中要用到此项计算,反算公式可采用迭代解法和直接解法。

1.迭代解法

$$B_f = \frac{X}{\alpha} - \frac{\beta}{\alpha}\sin 2B_f - \frac{\gamma}{\alpha}\sin 4B_f - \frac{\delta}{\alpha}\sin 6B_f - \frac{\varepsilon}{\alpha}\sin 8B_f - \frac{\zeta}{\alpha}\sin 10B_f + \cdots$$

取初值

$$B_f^0 = \frac{X}{a_0}$$

令

$$F(B_f^i) = -\frac{a_2}{2}\sin 2B_f^i + \frac{a_4}{4}\sin 4B_f^i - \frac{a_6}{6}\sin 6B_f^i + \frac{a_8}{8}\sin 8B_f^i + \cdots$$

迭代计算

$$B_f^{i+1} = (X - F(B_f^i))/a_0$$

直到迭代计算满足 $|B_f^{i+1} - B_f^i| \leqslant 1 \times 10^{-10}$ 为止,以保证 B_f 的计算精度达到 0.0001″。在高斯投影坐标反算中由子午线弧长反算出的大地纬度称为底点纬度。

2.直接解法

$$B_f = B_f^0 + \cos B_f^0 (K_1 \sin B_f^0 - K_2 \sin^3 B_f^0 + K_3 \sin^5 B_f^0)$$

式中

$$\left. \begin{array}{l} K_1 = 2\beta_4 + 4\gamma_4 + 6\delta_4 \\ K_2 = 8\gamma_4 + 32\delta_4 \\ K_3 = 32\delta_4 \\ B_f^0 = \dfrac{X}{\alpha} \end{array} \right\}$$

式中 β_4、γ_4、δ_4 由下式计算

$$\beta_1 = -\frac{\beta}{\alpha}, \ \gamma_1 = -\frac{\gamma}{\alpha}, \ \delta_1 = -\frac{\delta}{\alpha}$$

$$\beta_{n+1} = \beta_1 + \beta_1 \gamma_n - \frac{3}{2}\beta_1 \beta_n^2 - 2\gamma_1 \beta_n$$

$$\gamma_{n+1} = \gamma_1 + \beta_1 \beta_n$$

$$\delta_{n+1} = \delta_1 + \beta_1 \gamma_n + \frac{1}{2}\beta_1 \beta_n^2 + 2\gamma_1 \beta_n, \ n = 1,2,3,4$$

上述算法参见陈健、晁定波主编《椭球大地测量学》。

2.6 高斯投影与邻带换算

2.6.1 高斯投影正算

高斯投影正算已知大地坐标(B,L)及中央子午线经度L_0,计算高斯平面坐标(x,y)。

$$x = X+\frac{N}{2\rho''^2}\sin B\cos Bl''^2+\frac{N}{24\rho''^4}\sin B\cos^3 B(5-t^2+9\eta^2+4\eta^4)l''^4$$

$$+\frac{N}{720\rho''^6}\sin B\cos^5 B(61-58t^2+t^4+270\eta^2-330\eta^2t^2)l''^6$$

$$y = \frac{N}{\rho''}\cos Bl''+\frac{N}{6\rho''^3}\cos^3 B(1-t^2+\eta^2)l''^3+\frac{N}{120\rho''^5}\cos^5 B(5-18t^2+t^4+14\eta^2-58\eta^2t^2)$$

其中$N=\dfrac{a}{W}=\dfrac{a}{\sqrt{1-e^2\sin^2 B}}$,$\eta^2=e'^2\cos^2 B$,$t=\tan B$,$l=L-L_0$。$X$的计算见子午线弧长正算公式。

2.6.2 高斯投影反算

高斯投影反算已知高斯平面直角坐标(x,y)及指定中央子午线经度L_0,计算大地坐标(B,L)。计算公式如下:

$$B = B_f-\frac{t_f}{2M_fN_f}y^2+\frac{t_f}{24M_fN_f^3}(5+3t_f^2+\eta_f^2-9\eta_f^2t_f^2)y^4+\frac{t_f}{720M_fN_f^5}(61+90t_f^2+45t_f^4)y^6$$

$$L = L_0+\frac{1}{N_f\cos B_f}y-\frac{1}{6N_f^3\cos B_f}(1+2t_f^2+\eta_f^2)y^3+\frac{1}{120N_f^5\cos B_f}(5+28t_f^2+24t_f^4+6\eta_f^2+8\eta_f^2t_f^2)y^5$$

式中$N_f=\dfrac{a}{\sqrt{1-e^2\sin^2 B_f}}$,$M_f=\dfrac{a(1-e^2)}{\sqrt{(1-e^2\sin^2 B_f)^3}}$,$\eta_f^2=e'^2\cos^2 B_f$,$t_f=\tan B_f$
底点纬度B_f的计算参见子午线弧长反算公式。

2.6.3 高斯投影邻带换算

为了限制投影变形,高斯投影采用分带投影的方法,但也带来了投影不连续的缺点。两相邻带的公共边缘子午线在两带平面上的投影线的弯曲方向相反,这样使得位于边缘子午线附近、分别属于两带的地形图不能拼接起来。为了解决这种困难,在相邻带之间设立重叠部分,在重叠部分的三角点要计算两带的坐标,这就产生坐标邻带换算的问题。此外当三角网跨越两个投影带,而平差计算是在一个带内进行时,也会遇到坐标换算问题。另外,在工程测量中常常使用3度带或1.5度带或任意度带,而国家三角点成果是6度带,有时需要将6度坐标换算成3度、1.5度或任意度带坐标,或与此相反。

坐标邻带换算采用高斯投影正反算公式进行,坐标换算的实质是把椭球面上的大地坐标作为过渡坐标。如已知(x,y),新、旧带轴子午线的经度$L_旧^0$、$L_新^0$,计算过程如下:

①由高斯投影反算公式计算：$(x,y)_{旧}\longrightarrow(B,l)$，$L=l+L_{旧}^{0}$；

②$l=L-L_{新}^{0}$；

③由高斯投影正算公式计算：$(B,l)\longrightarrow(x,y)_{新}$。

高斯投影正反算计算子程序

```
Sub XY_BL(b As Double, l As Double, x As Double, y As Double, l0 As Double, K As Integer)
    Dim b11(1 To 4), r11(1 To 4), d11(1 To 4)
    Dim c As Double
    Dim m As Double
    x2 = e2; X4 = x2 * x2; X6 = x2 * X4; X8 = X4 * X4; X10 = x2 * X8
    B10 = 1# - Sqr(1# - x2); c = a / Sqr(1# - x2); EA = a * (1# - x2)
    aa = 1# + 3# * x2 / 4# + 45# * X4 / 64# + 175# * X6 / 256#
    BB = 3# * x2 / 4# + 15# * X4 / 16# + 525# * X6 / 512#
    CC = 15# * X4 / 64# + 105# * X6 / 256#
    dd = 35# * X6 / 512#
    aa = aa + 11025# * X8 / 16384# + 43659# * X10 / 65536#
    BB = BB + 2205# * X8 / 2048# + 72765# * X10 / 65536#
    CC = CC + 2205# * X8 / 4096# + 10395# * X10 / 16384#
    dd = dd + 315# * X8 / 2048# + 31185# * X10 / 13072#
    EE = 315# * X8 / 16384# + 3465# * X10 / 65536#
    FF = 693# * X10 / 131072#
    A1 = aa * EA; a2 = -BB * EA / 2#; a3 = CC * EA / 4#; a4 = -dd * EA / 6#
    A5 = EE * EA / 8#; A6 = -FF * EA / 10#
    R1 = 2# * a2 + 4# * a3 + 6# * a4; R2 = -8# * a3 - 32# * a4; R3 = 32# * a4
    b11(1) = -a2 / A1; r11(1) = -a3 / A1; d11(1) = -a4 / A1
    For i = 1 To 3
        BIH = b11(1) + b11(1) * r11(i) - 2# * r11(1) * b11(i)
        b11(i+1) = BIH - 3# * b11(i) * b11(i) * b11(1) / 2#
        r11(i+1) = r11(1) + b11(1) * b11(i)
        DIH = d11(1) + b11(1) * r11(i)
        d11(i+1) = DIH + b11(1) * b11(i) * b11(i) / 2# + 2# * r11(1) * b11(i)
    Next i
    D0 = 1# / A1
    D1 = 2# * b11(4) + 4# * r11(4) + 6# * d11(4)
    D2 = -8# * r11(4) - 32# * d11(4)
    D3 = 32# * d11(4)
    E1 = x2 / (1# - x2)
```

```
Select Case K
Case 1
    BF = D0 * x
    t2 = Cos( BF ) ; T3 = Sin( BF )
    BF = BF+t2 * T3 * ( D1+T3 * T3 * ( D2+D3 * T3 * T3 ) )
    T1 = Tan( BF ) ; t2 = Cos( BF )
    N1 = E1 * t2 * t2
    q = 1#+N1
     N3 = c / Sqr( q )
    m1 = y / N3 ; m = m1 * m1
    G = m / 30# * ( 61#+( 90#+45# * T1 * T1 ) * T1 * T1 )
    NI10 = 3#-9# * N1
    b = BF-m * q * T1 / 2# * ( 1#-m / 12# * ( 5#+N1+NI10 * T1 * T1-G ) )
    NI8 = 5#+( 6#+8# * T1 * T1 ) * N1+( 28#+24# * T1 * T1 ) * T1 * T1
    l = m1 / t2 * ( 1#-m / 6# * ( q+2# * T1 * T1-m / 20# * NI8 ) )
    l = l+l0
Case 2
    T1 = Tan( b ) ; t2 = Cos( b ) ; T3 = Sin( b )
     l1 = l-l0
    N1 = E1 * t2 * t2
    q = 1#+N1 ; N2 = c / Sqr( q )
     x0 = A1 * b+t2 * T3 * ( R1+T3 * T3 * ( R2+R3 * T3 * T3 ) )
    m1 = t2 * l1 ; m = m1 * m1
    NI4 = ( 4# * N1+5# ) * q+m / 30# * ( 61#+270 * N1+( T1 * T1-58#-330 * N1 ) * T1
* T1 )
    x = x0+m * N2 * T1 / 2# * ( 1#+m / 12# * ( NI4-T1 * T1 ) )
    NI5 = 5#+( T1 * T1-18# ) * T1 * T1-( 58# * T1 * T1-14# ) * N1
    y = N2 * m1 * ( 1#+m / 6# * ( q-T1 * T1+m / 20# * NI5 ) )
End Select
End Sub
```

高斯投影换带计算子程序

```
Sub XY_BL ( x1 As Double, y1 As Double, x2 As Double, y2 As Double, L01 As Doub-
le,
            _LO2 As Integer)
DIM b, l   As   Double
Call XY_BL( b, l, x1, y1, LO1, 1 )
```

```
Call XY_BL(b, l, x2, y2, LO2, 2)
End Sub
```

计算范例

（1）已知参考椭球为克拉索夫斯基椭球。

①$L = 111°47'24''.8974$，$B = 31°04'41''.6832$，$L_0 = 111°$；

②$L = 111°47'53''.2575$，$B = 31°23'48''.4275$，$L_0 = 111°$；

③$L = 114°20'$，$B = 30°30'$，$L_0 = 111°$；

④$L = 118°54'15''.2206$，$B = 32°24'57''.6522$，$L_0 = 117°$；

试计算 x, y。

参考答案：

①$x = 3439978.971$，$y = 75412.873$；

②$x = 3474996.228$，$y = 75911.740$；

③$x = 3380330.875$，$y = 320089.976$；

④$x = 3589644.286$，$y = 179136.438$；

（2）设 P 点坐标 $x = 3275110.535\mathrm{m}, y = 20735437.233\mathrm{m}$，求 P 点在三度带的坐标。

参考答案：$x = 3272782.316$，$y = 40444700.455$。

2.7　平面直角坐标系转换

众所周知，坐标系之间的差异主要取决于坐标系的定位与定向、椭球参数以及坐标系的尺度定义。从原理上讲，严密方法是将旧网的全部观测资料重新归算到新坐标系中，重新平差计算出各点的新坐标。而近似方法是在旧网原始观测资料不足或其他工程急需的情况下常采用的一种方法，采用近似方法进行新旧坐标转换必须有足够的新旧坐标控制点，根据重合点的差值，按一定的规律修正旧网各点的坐标值，使旧网与新网达到最佳吻合。下面介绍几种常见的坐标换算的数学模型。

2.7.1　直接参数法

直接参数法就是利用两套坐标系两个已知公共点的坐标 (X_1, Y_1)、(X_2, Y_2)、(x_1, y_1)、(x_2, y_2) 求出坐标转换平移参数、尺度因子、旋转参数。

数学模型 $\begin{bmatrix} \Delta X \\ \Delta Y \end{bmatrix} = \begin{bmatrix} X_2 \\ Y_2 \end{bmatrix} - \begin{bmatrix} X_1 \\ Y_1 \end{bmatrix}$，$\begin{bmatrix} \Delta x \\ \Delta y \end{bmatrix} = \begin{bmatrix} x_2 \\ y_2 \end{bmatrix} - \begin{bmatrix} x_1 \\ y_1 \end{bmatrix}$

$$S = \sqrt{\Delta X^2 + \Delta Y^2}, \quad s = \sqrt{\Delta x^2 + \Delta y^2}$$

$$A = \arctan(\Delta Y / \Delta X), \quad \alpha = \arctan(\Delta y / \Delta x)$$

平移参数 $\begin{bmatrix} D_x \\ D_y \end{bmatrix} = \begin{bmatrix} X_1 \\ Y_1 \end{bmatrix} - \begin{bmatrix} x_1 \\ y_1 \end{bmatrix}$

36

尺度因子 $m=\dfrac{S-s}{S}$， 旋转参数 $\theta=A-\alpha$。

则其他点 (X_i,Y_i) 的坐标转换公式为:

$$\begin{bmatrix} \Delta X_i \\ \Delta Y_i \end{bmatrix} = \begin{bmatrix} X_i \\ Y_i \end{bmatrix} - \begin{bmatrix} X_1 \\ Y_1 \end{bmatrix}$$

$$\begin{bmatrix} \Delta x_i \\ \Delta y_i \end{bmatrix} = (1+m) \begin{bmatrix} \cos\theta & \sin\theta \\ -\sin\theta & \cos\theta \end{bmatrix} \begin{bmatrix} \Delta X_i \\ \Delta Y_i \end{bmatrix}$$

$$\begin{bmatrix} x_i \\ y_i \end{bmatrix} = \begin{bmatrix} X_1 \\ Y_1 \end{bmatrix} + \begin{bmatrix} \Delta x_i \\ \Delta y_i \end{bmatrix} - \begin{bmatrix} D_X \\ D_Y \end{bmatrix} = \begin{bmatrix} x_1 \\ y_1 \end{bmatrix} + \begin{bmatrix} \Delta x_i \\ \Delta y_i \end{bmatrix}$$

上述方法是直接根据两公共坐标求转换参数,然后根据转换参数求坐标增量的转换值,最后求出转换点在新坐标系下的坐标。

2.7.2 相似变换(赫尔墨特法)

从理论上讲,就相似变换而言,二维坐标转换可以采用 4 参数模型,三维坐标可以采用 7 参数模型。二维坐标转换 4 参数模型具体表达如下:

设 x_i'、y_i' 表示新坐标的转换值,x_i、y_i 表示新坐标的固定值,X_i、Y_i 表示旧坐标,即:

$$x_i' = \Delta x_0 + X_i m\cos a + Y_i m\sin a$$

$$y_i' = \Delta y_0 - X_i m\sin a + Y_i m\cos a$$

其中 Δx_0,Δy_0 平移参数,m 为尺度比参数,a 为旋转参数。公共点新坐标系转换坐标与固定之差为:

$$\Delta x_i = x_i' - x_i = \Delta x_0 + X_i m\cos a + Y_i m\sin a - x_i$$

$$\Delta y_i = y_i' - y_i = \Delta y_0 - X_i m\sin a + Y_i m\cos a - y_i$$

令 $m\cos a=\mu$,$m\sin a=\delta$,则上式可以写为:

$$\Delta x_i = \Delta x_0 + X_i\mu + Y_i\delta - x_i$$

$$\Delta y_i = \Delta y_0 + Y_i\mu - X_i\delta - y_i$$

选取 n 个公共点,建立误差方程:

$$\begin{bmatrix} V_{x_i} \\ V_{y_i} \end{bmatrix} = \begin{bmatrix} 1 & 0 & Y_i & X_i \\ 0 & 1 & -X_i & Y_i \end{bmatrix} \begin{bmatrix} \Delta x_0 \\ \Delta y_0 \\ \delta \\ \mu \end{bmatrix} - \begin{bmatrix} x_i \\ y_i \end{bmatrix}, \quad i=1,2,\cdots,n$$

按误差方程式组成法方程,解法方程求出转换参数,按下式求任意点在新坐标系下的坐标:

$$x_i' = \Delta x_0 + Y_i\delta + X_i\mu$$

$$y_i' = \Delta y_0 - X_i\delta + Y_i\mu$$

相似变换特点是不变更旧网的几何形状,将旧网整体平移,旋转尺度缩放配合到新坐标系中;其缺点是在公共点有间隙存在,而且间隙可能还比较大。

2.7.3 多项式逼近法

多项式逼近法在于选取多项式逼近待求的新旧坐标系统变换函数,由多项式逼近任意

37

连续函数时,从理论上讲,选择适当的多项式阶数和系数,可以逼近到任意的程度,并保证点与点之间一一对应的可逆连续变换的特性。

设 X、Y 表示旧坐标系的坐标,x、y 表示新坐标系的坐标,多项式变换的一般公式为:

$$x_i = X_i + L_0 + L_1(X_i - X_0) + L_2(Y_i - Y_0) + L_3(X_i - X_0)^2 + L_4(Y_i - Y_0)^2$$
$$+ L_5(X_i - X_0)(Y_i - Y_0)$$

$$y_i = Y_i + M_0 + M_1(X_i - X_0) + M_2(Y_i - Y_0) + M_3(X_i - X_0)^2 + M_4(Y_i - Y_0)^2$$
$$+ M_5(X_i - X_0)(Y_i - Y_0)$$

式中 X_0、Y_0 为变换中心附近的一个原点坐标,$L_0 \to L_5$、$M_0 \to M_5$ 是待定系数,求解待定系数至少 6 个公共点。若变换的区域较大、公共点较多,则可选择更高阶的多项式进行变换。若有 m 个公共点,可列出误差方程,用间接平差求解待定系数,误差方程如下:

$$
\begin{bmatrix} V_1 \\ V_2 \\ \vdots \\ V_{2m-1} \\ V_{2m} \end{bmatrix}
=
\begin{bmatrix}
1 & \Delta X_1 & \Delta Y_1 & \Delta X_1^2 & \Delta Y_1^2 & \Delta X_1 \Delta Y_1 & 0 & 0 & 0 & 0 & 0 & 0 \\
0 & 0 & 0 & 0 & 0 & 0 & 1 & \Delta X_1 & \Delta Y_1 & \Delta X_1^2 & \Delta Y_1^2 & \Delta X_1 \Delta Y_1 \\
\vdots & \vdots & \vdots & \vdots & \vdots & \vdots & \vdots & \vdots & \vdots & \vdots & \vdots & \vdots \\
1 & \Delta X_m & \Delta Y_m & \Delta X_m^2 & \Delta Y_m^2 & \Delta X_m \Delta Y_m & 0 & 0 & 0 & 0 & 0 & 0 \\
0 & 0 & 0 & 0 & 0 & 0 & 1 & \Delta X_m & \Delta Y_m & \Delta X_m^2 & \Delta Y_m^2 & \Delta X_m \Delta Y_m
\end{bmatrix}
$$

$$
\begin{bmatrix} L_0 \\ L_1 \\ \vdots \\ L_5 \\ M_0 \\ M_1 \\ \vdots \\ M_5 \end{bmatrix}
-
\begin{bmatrix} X_1 - x_1 \\ Y_1 - y_1 \\ \vdots \\ X_m - x_m \\ Y_m - y_m \end{bmatrix}
$$

式中 $\Delta X_i = X_i - X_0$、$\Delta Y_i = Y_i - Y_0$,若观测量的坐标差 $X_i - x_i$ 和 $Y_i - y_i$ 彼此独立等精度,则可分别求 L_i、M_i 的两个独立的法方程式:

$$
\begin{bmatrix}
n & \sum \Delta X & \sum \Delta Y & \sum \Delta X^2 & \sum \Delta Y^2 & \sum \Delta X \Delta Y \\
 & \sum \Delta X^2 & \sum \Delta X \Delta Y & \sum \Delta X^3 & \sum \Delta X \Delta Y^2 & \sum \Delta X^2 \Delta Y \\
 & & \sum \Delta Y^2 & \sum \Delta X^2 \Delta Y & \sum \Delta Y^3 & \sum \Delta X \Delta Y^2 \\
 & & & \sum \Delta X^4 & \sum \Delta X^2 \Delta Y^2 & \sum \Delta X^3 \Delta Y \\
 & & & & \sum \Delta Y^4 & \sum \Delta X \Delta Y^3 \\
 & & & & & \sum \Delta X^2 \Delta Y^2
\end{bmatrix}
\begin{bmatrix} L_0 \\ L_1 \\ L_2 \\ L_3 \\ L_4 \\ L_5 \end{bmatrix}
=
\begin{bmatrix}
\sum (X - x) \\
\sum \Delta X (X - x) \\
\sum \Delta Y (X - x) \\
\sum \Delta X^2 (X - x) \\
\sum \Delta Y^2 (X - x) \\
\sum \Delta X \Delta Y (X - x)
\end{bmatrix}
= 0
$$

求 $M_i(i = 0, 1, \cdots, 5)$ 的法方程阵系数完全一样,只是常数项中 $(X - x)$ 换成 $(Y - y)$ 即可。最小二乘多项式拟合公共点经变换后坐标不再与固定坐标重合,而是保持公共点上的间隙平方和为最小。

2.7.4　算例与程序功能介绍

某城市 GPS 定位得到北京 54 坐标、该市的独立坐标系坐标,采用直接参数法、相似变换法、多项式拟合法编程计算。

1.已知数据与计算结果

某城市北京 54 系与独立坐标系部分公共点坐标

点号	北京 54 坐标		独立坐标	
	$x1(m)$	$y1(m)$	$x2(m)$	$y2(m)$
1	2496657.820	508202.617	21931.951	117563.229
2	2495670.370	548381.370	20258.393	157719.614
3	2501866.993	486785.114	27506.217	96237.631
4	2517661.770	491937.908	43210.824	101659.490
5	2515160.425	486957.034	40794.893	96636.575
6	2520692.825	489367.657	46285.362	99141.362
7	2505545.925	510742.498	30775.459	120254.569
8	2516906.787	511422.913	42123.144	121128.932
9	2524169.605	522970.739	49187.733	132799.223
10	2490588.890	505566.376	15908.879	114823.693

某城市北京 54 坐标→独立坐标转换结果

点号	直接参数法		相似变换法		多项式拟合法	
	$X(m)$	$Y(m)$	$X(m)$	$Y(m)$	$X(m)$	$Y(m)$
1	* 21931.951	117563.229	* 21931.952	117563.229	* 21931.951	117563.229
2	* 20258.393	157719.614	* 20258.393	157719.614	* 20258.393	157719.614
3	27506.216	96237.631	* 27506.218	096237.630	* 27506.217	96237.631
4	43210.822	101659.490	* 43210.823	101659.490	* 43210.824	101659.49
5	40794.891	96636.576	* 40794.893	096636.576	* 40794.893	96636.575
6	46285.361	99141.360	46285.362	099141.361	* 46285.362	99141.362
7	30775.458	120254.569	30775.459	120254.569	30775.462	120254.567
8	42123.143	121128.931	42123.144	121128.932	42123.149	121128.932
9	49187.732	132799.223	49187.733	132799.224	49187.741	132799.231
10	15908.879	114823.693	15908.879	114823.693	15908.875	114823.697

新旧坐标转换计算成果（相似变换法）

1.旧坐标系统坐标

No.	Name	x(m)	y(m)
1	1	2496657.8200	508202.6170
2	2	2495670.3700	548381.3700
3	3	2501866.9930	486785.1140
4	4	2517661.7700	491937.9080
5	5	2515160.4250	486957.0340
6	6	2520692.8250	489367.6570
7	7	2505545.9250	510742.4980
8	8	2516906.7870	511422.9130
9	9	2524169.6050	522970.7390
10	10	2490588.8900	505566.3760

2.新坐标系统坐标

No.	Name	x(m)	y(m)
1	1	21931.9510	117563.2290
2	2	20258.3930	157719.6140
3	3	27506.2170	96237.6310
4	4	43210.8240	101659.4900
5	5	40794.8930	96636.5750
6	6	46285.3620	99141.3620

3.旧坐标——→新坐标

No.	Name	x/y(m) (Before)	x/y(m) (After)	v(mm)
1	1	21931.9510	21931.95174	.74
		117563.2290	117563.2290	.02
2	2	20258.3930	20258.39273	-.27
		157719.6140	157719.6143	.30
3	3	27506.2170	27506.21759	.59
		96237.6310	96237.6306	-.43
4	4	43210.8240	43210.82298	-1.02
		101659.4900	101659.4902	.23
5	5	40794.8930	40794.89276	-.24

No.	Name	x/y(m) (Before)	x/y(m) (After)	v(mm)
		96636.5750	96636.5759	.92
6	6	46285.3620	46285.36221	.21
		99141.3620	99141.3610	−1.04
7	7		30775.4589	
			120254.5691	
8	8		42123.1438	
			121128.9319	
9	9		49187.7329	
			132799.2238	
10	10		15908.8793	
			114823.6931	

4.转换参数

X 轴平移参数 = −2465703.974 (m)
Y 轴平移参数 = −433212.156 (m)
旋转参数 = −0.58431(度.分秒)
尺度比参数 = 8.92338e−6

2.坐标转换计算子程序

```
Private Sub computer1( )
' 按直接法计算
Dim dx As Double, dy As Double, dx0 As Double, dy0 As Double
Dim ddx As Double, ddy As Double
Dim dis As Double, ddis As Double
Dim xy1 As Double, xy2 As Double
Dim a As Double, aa As Double
On Error GoTo Line1
Open projectdir+" \oldxy.txt" For Input As #1
oldnum = 0
Do While Not EOF( 1 )
    oldnum = oldnum+1
    Input #1, nno $ , xy1, xy2
    oldname( oldnum ) = nno $ ; oldx( oldnum ) = xy1 ; oldy( oldnum ) = xy2
Loop
Close #1
```

```
Open projectdir+" \newxy.txt" For Input As #1
newnum = 0
Do While Not EOF( 1)
    newnum = newnum+1
    Input #1, nno $ , xy1, xy2
    newname( newnum) = nno $ ; newx( newnum) = xy1; newy( newnum) = xy2
Loop
Close #1
'————寻找两公共点————
KK = 0
For J1 = 1 To 2
For j2 = 1 To oldnum
    If KK = 0 And newname( J1) = oldname( j2) Then
        k1 = J1; i1 = j2; KK = KK+1
        nno $ = oldname( J1) ; oldname( J1) = oldname( j2) ; oldname( j2) = nno $
        xy3 = oldx( J1) ; oldx( J1) = oldx( j2) ; oldx( j2) = xy3
        xy3 = oldy( J1) ; oldy( J1) = oldy( j2) ; oldy( j2) = xy3
        Exit For
    ElseIf KK = 1 And newname( J1) = oldname( j2) Then
        k2 = J1; i2 = j2; KK = KK+1
        nno $ = oldname( J1) ; oldname( J1) = oldname( j2) ; oldname( j2) = nno $
        xy3 = oldx( J1) ; oldx( J1) = oldx( j2) ; oldx( j2) = xy3
        xy3 = oldy( J1) ; oldy( J1) = oldy( j2) ; oldy( j2) = xy3
        Exit For
    End If
Next j2
If KK = 2 Then Exit For
Next J1
' 计算转换参数
dx = oldx( 2) -oldx( 1) ; dy = oldy( 2) -oldy( 1)
ddx = newx( 2) -newx( 1) ; ddy = newy( 2) -newy( 1)
dis = Sqr( dx * dx+dy * dy) ; ddis = Sqr( ddx * ddx+ddy * ddy)
a = qiua( dx, dy) ; aa = qiua( ddx, ddy)
q = a-aa; m = ( ddis-dis) / ddis; m1 = m+1
' 计算转换坐标
For j = 1 To oldnum
    dx = oldx( j) -oldx( 1) ; dy = oldy( j) -oldy( 1)
    ddx = Cos( q) * dx * m1+Sin( q) * dy * m1
    ddy = -Sin( q) * dx * m1+Cos( q) * dy * m1
    zhx( j) = newx( 1) +ddx; zhy( j) = newy( 1) +ddy
```

```
Next j
Call save_result
Value = MsgBox("坐标转换计算已完成!", 64, "坐标转换("+"直接法)")
Exit Sub
Line1:
msg = "错误:"+Error(Err.Number)
Value = MsgBox(msg, 32, "错误信息窗口")
End Sub


Private Sub computer2( )
'按相似变换法计算
Dim IJ As Integer
Dim xy1 As Double, xy2 As Double, xy3 As Double
ReDim c(100), w(10)
On Error GoTo line1
'读取旧坐标文件数据
If projectdir = " " Then projectdir = CurDir
Open projectdir+" \oldxy.txt" For Input As #1
    oldnum = 0
    Do While Not EOF(1)
    oldnum = oldnum+1
    Input #1, nno $, xy1, xy2
    oldname(oldnum) = nno $; oldx(oldnum) = xy1; oldy(oldnum) = xy2
  Loop
Close #1
'读取新坐标文件数据
Open projectdir+" \newxy.txt" For Input As #1
    newnum = 0
    Do While Not EOF(1)
    newnum = newnum+1
    Input #1, nno $, xy1, xy2
    newname(newnum) = nno $; newx(newnum) = xy1; newy(newnum) = xy2
    Loop
Close #1
'根据新坐标调整旧坐标的顺序并确定公共点
For J1 = 1 To newnum
For j2 = 1 To oldnum
If J1 <> j2 And newname(J1) = oldname(j2) Then
    nno $ = oldname(J1); oldname(J1) = oldname(j2); oldname(j2) = nno $
    xy3 = oldx(J1); oldx(J1) = oldx(j2); oldx(j2) = xy3
```

43

```
        xy3 = oldy(J1) ; oldy(J1) = oldy(j2) ; oldy(j2) = xy3
        Exit For
    End If
Next j2
Next J1
'组成法方程
For i = 1 To 4
  w(i) = 0
For j = i To 4
 IJ = j * (j−1) ╱ 2+i
 c(IJ) = 0
Next j ; Next i
For i = 1 To newnum
  c(1) = c(1)+1 ;   c(2) = 0 ;   c(3) = c(3)+1 ;   c(4) = c(4)+oldx(i)
  c(5) = c(5)+oldy(i)
  c(6) = c(6)+oldx(i) * oldx(i)+oldy(i) * oldy(i)
  c(7) = c(5) ;   c(8) = −c(4) ;   c(9) = 0 ;   c(10) = c(6)
  w(1) = w(1)+newx(i) ;   w(2) = w(2)+newy(i)
  w(3) = w(3)+oldx(i) * newx(i)+oldy(i) * newy(i)
  w(4) = w(4)+oldy(i) * newx(i)−oldx(i) * newy(i)
Next i
'解法方程系数矩阵求逆
nx = 4
ReDim xx(1 To nx)
Dim H(1 To 2000) As Double, h1 As Double, h2 As Double
For k = nx To 1 Step −1
        h1 = c(1) ; i1 = 1
        For i = 2 To nx
        i2 = i1 ; i1 = i1+i
        h2 = c(i2+1)
        H(i) = h2 ╱ h1
        If i <= k Then H(i) = −H(i)
        J1 = i2+2
        For j = J1 To i1
          c(j−i) = c(j)+h2 * H(j−i2)
        Next j
      Next i
    i2 = i2−1 ; c(i1) = 1 ╱ h1
    For i = 2 To nx
        c(i2+i) = H(i)
```

```vb
        Next i
    Next k
' 求转换未知数
For i = 1 To nx
    xx(i) = 0
    For j = 1 To nx
        If j>i Then
            KK0 = j * (j-1) ／ 2+i
        Else
            KK0 = i * (i-1) ／ 2+j
        End If
        xx(i) = xx(i)+c(KK0) * w(j)
    Next j
Next i
m = Sqr(xx(3) * xx(3)+xx(4) * xx(4))-1
q = Atn(xx(4) ／ xx(3)); q = qdms(q)
For i = 1 To oldnum
    zhx(i) = xx(1)+xx(3) * oldx(i)+xx(4) * oldy(i)
    zhy(i) = xx(2)+xx(3) * oldy(i)-xx(4) * oldx(i)
Next i
Call save_result
Open projectdir+" \zhuanhuan.txt" For Append As #1
Print #1, " ——————————"
Print #1, "                    4.转换参数                              "
Print #1, " ——————————"
Print #1, "X 轴平移参数 = "; Format(xx(1), "###0.000"); " (m)"
Print #1, "Y 轴平移参数 = "; Format(xx(2), "###0.000"); " (m)"
Print #1, "旋转参数 = "; Format(q, "###0.00000"); "(度.分秒)"
Print #1, "尺度比参数 = "; Format(m, "###0.0000")
Print #1, " ——————————"
Close #1
Value = MsgBox("坐标转换计算已完成!", 64, "坐标转换("+"相似变换法)")
Exit Sub
Line1:
msg = " 错误:"+Error(Err.Number)
Value = MsgBox(msg, 32, "错误信息窗口")
End Sub


Private Sub computer3()
' 多项式逼近法
```

```
Dim KK As Integer, IJ As Integer
Dim a(15) As Double, l(1 To 8) As Double, m(1 To 8) As Double
Dim xy1 As Double, xy2 As Double, xy3 As Double
Dim ll0 As Double, ll1 As Double
ReDim c(200), w(15)
Dim w1(15) As Double
Dim px As Double, py As Double
On Error GoTo Line1
Open projectdir+" \oldxy.txt" For Input As #1
oldnum = 0
Do While Not EOF(1)
    oldnum = oldnum+1
    Input #1, nno $ , xy1, xy2
    oldname(oldnum) = nno $ ; oldx(oldnum) = xy1; oldy(oldnum) = xy2
Loop
Close #1
Open projectdir+" \newxy.txt" For Input As #1
newnum = 0
Do While Not EOF(1)
    newnum = newnum+1
    Input #1, nno $ , xy1, xy2
    newname(newnum) = nno $ ; newx(newnum) = xy1; newy(newnum) = xy2
Loop
Close #1
'—根据新坐标调整旧坐标的顺序并确定公共点—
For J1 = 1 To newnum
For j2 = 1 To oldnum
If J1 <> j2 And newname(J1) = oldname(j2) Then
    nno $ = oldname(J1); oldname(J1) = oldname(j2); oldname(j2) = nno $
    xy3 = oldx(J1); oldx(J1) = oldx(j2); oldx(j2) = xy3
    xy3 = oldy(J1); oldy(J1) = oldy(j2); oldy(j2) = xy3
    Exit For
End If
Next j2; Next J1
'—多项式逼近组成法方程—
nx = 6
For i = 1 To nx
    w(i) = 0#; w1(i) = 0#
For j = i To nx
    IJ = j * (j-1) / 2+i
```

```
        c( IJ) = 0#
Next j
Next i
'—求公共点重心坐标—
px = 0; py = 0
For i = 1 To newnum
    px = px+oldx(i); py = py+oldy(i)
Next i
px = px / newnum; py = py / newnum
'—求误差方程系数并组成法方程—
For i = 1 To newnum
    a(1) = 1#;a(2) = oldx(i) - px; a(3) = oldy(i) -py
    a(4) = a(2) * a(2);a(5) = a(3) * a(3);a(6) = a(2) * a(3)
    ll0 = oldx(i) -newx(i)
    ll1 = oldy(i) -newy(i)
    For J1 = 1 To nx
        w(J1) = w(J1)+a(J1) * ll0
        w1(J1) = w1(J1)+a(J1) * ll1
    For j2 = J1 To nx
        IJ = j2 * (j2-1) / 2+J1
        c( IJ) = c( IJ)+a(J1) * a(j2)
    Next j2
    Next J1
Next i
  '—法方程系数矩阵求逆—
   ReDim xx(1 To nx)
Dim H(1 To 200) As Double, h1 As Double, h2 As Double
For k = nx To 1 Step -1
    h1 = c(1); i1 = 1
    For i = 2 To nx
        i2 = i1; i1 = i1+i
        h2 = c(i2+1)
        H(i) = h2 / h1
        If i <= k Then H(i) = -H(i)
        J1 = i2+2
        For j = J1 To i1
            c(j-i) = c(j)+h2 * H(j-i2)
        Next j
    Next i
    i2 = i2-1; c(i1) = 1 / h1
```

```
        For i=2 To nx
            c(i2+i)=H(i)
        Next i
    Next k
    '-求法方程未知数
    For i=1 To nx
        xx(i)=0
        For j=1 To nx
            If j>i Then
                IJ=j*(j-1)/2+i
            Else
                IJ=i*(i-1)/2+j
            End If
            xx(i)=xx(i)-c(IJ)*w(j)
        Next j
    Next i
    '_____
    For i=1 To nx
        l(i)=xx(i)
    Next i
    '_____
    For i=1 To nx
        xx(i)=0
        For j=1 To nx
            If j>i Then
                IJ=j*(j-1)/2+i
            Else
                IJ=i*(i-1)/2+j
            End If
            xx(i)=xx(i)-c(IJ)*w1(j)
        Next j
    Next i
    For i=1 To nx
        m(i)=xx(i)
    Next i
    ' 求转换坐标
    For i=1 To oldnum
        a(1)=1#; a(2)=oldx(i) - px;a(3)=oldy(i)-py
        a(4)=a(2)*a(2);a(5)=a(3)*a(3);a(6)=a(2)*a(3)
        zhx(i)=oldx(i)+l(1)+l(2)*a(2)+l(3)*a(3)
```

48

```vb
        zhx(i)= zhx(i)+l(4) * a(4)+l(5) * a(5)
        zhy(i)= oldy(i)+m(1)+m(2) * a(2)+m(3) * a(3)
        zhy(i)= zhy(i)+m(4) * a(4)+m(5) * a(5)
Next i
Call save_result
Value= MsgBox("坐标转换计算已完成!", 64, "坐标转换("+" 多项式拟合法)")
Exit Sub
Line1:
msg="错误:"+Error(Err.Number)
Value= MsgBox(msg, 32, "错误信息窗口")
End Sub


Private Sub save_result()
Open projectdir+" \zhuanhuan.txt" For Output As #1
Print #1, "             新旧坐标转换计算成果                "
Print #1, "——————————————————"
Print #1, "             1.旧坐标系统坐标                    "
Print #1, "——————————————————"
Print #1, Tab(5); "No"; Tab(10); "Name"; Tab(30); "x(m)"; Tab(45); "y(m)"
For i= 1 To oldnum
    Print #1, Tab(5); i; Tab(10); oldname(i);
    Print #1, Tab(30); Format $ (oldx(i), "##########.0000");
    Print #1, Tab(45); Format $ (oldy(i), "##########.0000")
Next
Print #1, "——————————————————"
Print #1, "             2.新坐标系统坐标                    "
Print #1, "——————————————————"
Print #1, Tab(5); "No"; Tab(10); "Name"; Tab(30); "x(m)"; Tab(45); "y(m)"
For i= 1 To newnum
    Print #1, Tab(5); i; Tab(10); newname(i);
    Print #1, Tab(30); Format $ (newx(i), "##########.0000");
    Print #1, Tab(45); Format $ (newy(i), "##########.0000")
Next
Print #1, "——————————————————"
Print #1, "             3.旧坐标——→新坐标                  "
Print #1, "——————————————————"
Print #1, Tab(5); "No"; Tab(10); "Name"; Tab(30); "x/y(m)"; Tab(45); "x/y(m)";
Print #1, Tab(60); " ridual(mm)"; Tab(30); "(Before)"; Tab(45); "(After)"
Print #1, "——————————————————"
For i= 1 To oldnum
```

49

```
    k = 0
    For j = 1 To newnum
        If oldname(i) = newname(j) Then k = j
    Next
    If k <> 0 Then
        cx = (zhx(i) - newx(k)) * 1000 : cy = (zhy(i) - newy(k)) * 1000
        Print #1, Tab(5); i; Tab(10); oldname(i);
        Print #1, Tab(30); Format $ (newx(k), "#########.0000");
        Print #1, Tab(45); Format $ (zhx(i), "#########.00000");
        Print #1, Tab(60); Format $ (cx, "###.00")
        Print #1, Tab(30); Format $ (newy(k), "#########.0000");
        Print #1, Tab(45); Format $ (zhy(i), "#########.0000");
        Print #1, Tab(60); Format $ (cy, "###.00")
    Else
        Print #1, Tab(5); i; Tab(10); oldname(i);
        Print #1, Tab(45); Format $ (zhx(i), "#########.0000")
        Print #1, Tab(45); Format $ (zhy(i), "#########.0000")
    End If
Next i
Close #1
End Sub
```

2.8 测量仪器与计算机数据通信

2.8.1 MSComm 通信控件及其属性简介

MSComm 控件为应用程序提供了串口通信功能,允许通过串口发送和接收数据。控件提供了以下两种处理通信的方法:①事件驱动,事件驱动是处理连接端口通信的一种有效方法,例如在 RTS(Request To Send)线上有字符到达或发生改变等,在这种情况下可使用 MSComm 控件的 OnComm 事件来捕获和处理这些事件;②程序通过检查 CommEvent 属性的值来检测查询事件和通信错误。两种方法都可以达到数据接收的目的。MSComm 控件其重要的属性说明如下:

(1)CommPort 属性

设定或传回通信端口代号。该属性在打开端口前设置。其格式为:

$$MSComm.Commport[= Value]$$

Value 为端口号。在设置时,Value 可以设置成从 1 到 16 的任何整数(缺省值为 1)。

(2)Settings 属性

设定或返回波特率、奇偶检校、数据位和停止位等初始化参数,其语法为:

$$MSComm.Settings[= Value]$$

Value 是由四个设置值组成的字符串,有如下的格式"BBBB,P,D,S"。Value 的缺省值是"9600,N,8,1"。当端口打开时,如果 Value 非法,则 MSComm 控件会产生错误。

BBBB 为波特率,波特率的设置可为 110、300、600、1200、2400、9600(缺省值)、14400、19200、28800。

P 为奇偶校验,奇偶校验可设置为:E(偶校验)、M(屏蔽)、N(缺省值)、O(奇校验)、S(空格校验)。

D 为数据位数,数据位值可设置为:4、5、6、7、8(缺省值)。

S 为停止位数,停止位值可设置为 1(缺省值)、1.5、2。

(3)PortOpen 属性

设定或返回通信端口连接的状态,也可以打开和关闭端口,PortOpen 的属性设置为 True 将打开端口,设置为 False 将关闭端口并清除接收与发送缓冲区。其语法为:

$$MSComm.PorOpen[=True / False]$$

(4)Input 属性

从输入缓冲区返回和删除字符。如果将 InputLen 属性设置为 0,则 Input 属性读入整个接收缓冲区的内容。其语法为:

$$Buffer\$ = MSComm1.Input$$

将输入缓冲区的字符读入 Buffer 字符串变量中。

(5)Output 属性

将一个字符串写入传输缓冲区中。

(6)InputLen 属性

指定由串行端口读入的字符串长度,VB 所写的程序可以使用 Input 的指令将存放在输入暂存区的字符读入,但欲指定所读入的字符长度则要使用本属性的设定,其缺省值为 0。

(7)HandShaking 属性

指定通信两方的握手协议。握手协议是指从硬件端口向接收缓冲区传送数据时使用的内部通信协议,握手协议使用缓冲区保证不丢失数据,使得到达串口的数据被移动到缓冲区中。其语法为:

$$MSComm.HandShaking[=Value]$$

Value 的值设置如下:

1)Value =0:comNone,(缺省)没有握手协议;

2)Value=1:comXOnOff,XON/XOFF 握手协议;

3)Value=2:comRTS,RTS/CTS 握手协议;

4)Value=3:comRTSXOnOff,RTS/CTS 和 XON/XOFF 握手协议。

(8)RThreshold 属性

设定或返回 CommEvent 属性设置为 comEvReceive 并产生 OnComm 事件之前所接收的字符数。将 RThreshold 设置为 0(缺省)将在接收字符时不产生 OnComm 事件,将 RThreshold 设置为 1 将导致 MSComm 控件在每个字符放入缓冲区时就触发 OnComm 事件。其语法为:

$$MSComm.RThreshold[=Value]$$

Value 是一个整数表达式,指定产生 OnComm 事件之前接收的字符数。

(9)Sthreshold 属性

设定或返回 CommEvent 属性设置为 comEvReceive 并产生 OnComm 事件之前所发送到

缓冲区中允许的最少字符数。若设定 Sthreshold 属性为 0(默认值),将在发送字符时不产生 OnComm 事件;若 Sthreshold 属性为 1,将导致发送缓冲区完全变空。

(10)CommEvent 属性

CommEvent 属性返回最近的通信事件或错误的代码值。不论是通信事件或错误都会发生 OnComm 事件,要确定 OnComm 事件的实际错误或事件,必须使用 CommEvent 属性。

2.8.2 使用 MSComm 控件设计通信程序的步骤

通过对 MSComm 控件属性的了解,采用 VB 编程来实现测量仪器与计算机的数据通信。通常我们可采用以下步骤来完成:

①设定通信端口号码,即 CommPort 属性;

②设定通信协议,即 HandShaking 属性;

③设定传输速度等参数,即 Settings 属性;

④设定其他参数,如必要时再加上其他的属性设置;

⑤开启通信端口,即 PortOpen 属性;

⑥送出字符串或读入字符串,使用 Input 或 Output 属性;

⑦使用完 MSComm 通信对象后,将通信端口关闭。

2.8.3 计算机接收数据的通信程序

①利用 Windows 自带的超终端程序 Hypertrm.exe 接收数据,其源程序一般在 C:\Progrm Files\Accessories\HyperTerminal 目录中。

②利用 VB 开发的数字水准仪与计算机通信的应用程序。原程序代码为:

```
Private Sub Com_receiver_Click( )

Dim msg As String, seting As String

Dim myform As Form

Dim Waitime As Integer

Dim endtime, startime As Double

Set myform = datacomForm

On Error GoTo LINE1

If datacomForm.Com_receiver.Caption = "接收" Then

    datacomForm.Com_receiver.Caption = "停止"

    datacomForm.Text_status.ForeColor = RGB(0, 0, 0)

    datacomForm.Text_status.Text = "准备接收数据…"

    MSComm.PortOpen = False

    Exit Sub

End If

MSComm.CommPort = port '选择端口

MSComm.PortOpen = True

seting = baud+"," +testbit+"," +databit+"," +stopbit

MSComm.Settings = seting '  设置通信参数

MSComm.Handshaking = protocol
```

```vb
datacomForm.RichText.Text=" "    ' 将文本框中的数据清空
MSComm.InBufferCount=0   ' 清空接受缓冲区
MSComm.InputLen=0 '  读取接收缓冲区中的全部内容
msg=MsgBox("请在仪器上发送数据命令…", 65, "接收数据")
If msg=vbCancel Then
    datacomForm.MSComm.PortOpen=False
    Exit Sub
End If
datacomForm.Com_receiver.Caption="接收"
starttime=Timer
ReceiveDate：
datacomForm.RichText.BackColor=RGB(255, 255, 255)
datacomForm.Text_status.ForeColor=RGB(255, 0, 0)
datacomForm.Text_status.Text="正在接收数据…"
DoEvents
'将接收到的数据显示在文本框中
datacomForm.RichText.Text=datacomForm.RichText.Text+MSComm.Input
endtime=Timer
Waitime=endtime-starttime
If datacomForm.MSComm.InBufferCount=0 And Waitime >= 5 Then
    Com_receiver.Caption="停止"
    MSComm.PortOpen=False
    datacomForm.RichText.BackColor=datacomForm.BackColor
    datacomForm.Text_status.ForeColor=RGB(0, 0, 0)
    datacomForm.Text_status.Text="准备接收数据…"
    Exit Sub
End If '如等待5秒钟接收缓冲区仍没有数据,则结束通信。
GoTo ReceiveDate
LINE1：
msg="错误:"+Error(Err.Number)+Chr(9)+Chr(10)+"请按选择按钮选择通信参数!"
value=MsgBox(msg, 32, "错误信息窗口")
End Sub
```

第 3 章　课 间 实 习

3.1　课间实习的一般规定与注意事项

3.1.1　测量实习的一般规定

①实习分小组进行,组长负责组织和协调实习工作,凭组长或组员的学生证办理所用仪器和工具的借领及归还手续。

②实习应在规定时间内进行,不得无故缺席或迟到、早退,应在指定的场地进行,不得擅自改变地点。

③必须遵守实习的要求与规定,听从指导教师的指挥,认真、按时、独立地完成任务。

④测量记录应该用正楷书写文字和数字,不可潦草,用 2H 或 3H 铅笔记录。记录者听取观测者报出仪器读数后,应向观测者回报读数来确认,以免记错。

⑤记录数字如发现有错误,不得涂改,也不得使用橡皮擦拭,而应该用细横线画去错误数字,在原数字上方写出正确数字,并在备注栏内说明原因。

⑥记录的数据应准确的表示到观测精度。表格上各项内容应填写齐全,并由观测者和记录人员负责签名。

⑦根据观测结果,应当场作必要的计算,并进行必要的成果核验,以决定观测成果是否合格,是否需要进行重测(返工)。

⑧若一测回或整站观测成果不合格(观测误差超限),则用斜细线画去该栏记录数字,并在备注栏内说明原因。

⑨实习结束后,应把观测记录和实习报告送交指导教师审阅,做好仪器的清理与清洁工作,向实习室归还仪器和工具,结束实习。

3.1.2　仪器的使用规则和注意事项

测量仪器是比较贵重的设备,尤其目前仪器正在向精密光学、机械化、电子化方向发展,在其功能日益完善的同时,其价格也更为昂贵。对测量仪器的正确使用、爱护与保养,是测量工作人员必须具备的基本素质,是保证测量成果的质量、发挥仪器性能和延长使用年限的必要条件。因此,有关测量仪器的使用规则和注意事项,在测量实习中应严格遵守与执行。

1.仪器借用时的注意事项

①以实习小组为单位借用测量仪器和工具,按小组编号在指定地点凭学生证向实习室管理人员办理借用手续。

②借用时,按本次实习的仪器工具清单现场清点,检查实物与清单是否相符,器件是否完好,然后领出。

③搬运前,必须检查仪器箱是否锁好;搬运时,必须轻取轻放,避免剧烈震动和碰撞。

④实习结束后,应及时收装仪器和工具,消除接触土地部件(脚架、尺垫等)上的泥土,送还借用处检查验收。如有遗失或损坏,应写出书面报告说明情况,登记并按有关规定进行处理赔偿。

2.仪器安装时的注意事项

①将仪器的三脚架在地面安置稳妥,先应拧紧三脚架固定螺旋,但不应用力过大以免造成螺旋滑丝,要防止螺旋未拧紧而脚架自行收缩而摔坏仪器。

②取出仪器时,应先松开制动螺旋,用双手握住支架,将仪器轻轻安放到三脚架上。一手握住仪器,一手立即拧紧中心连接螺旋,使仪器与三脚架连接牢固。

③安装好仪器以后,随即关闭仪器箱盖,防止灰尘等异物进入箱内。

④仪器大多为薄型材料制作,不能承重,因此严禁将重物堆放在仪器箱上,更不允许有人坐在仪器箱上。

3.仪器使用时的注意事项

①仪器安装在三脚架上之后,不论是否观测,必须有人守护,禁止无关人员拨弄仪器,避免路过的行人和车辆碰撞到仪器。

②仪器镜头上的灰尘,应该用仪器箱中的软毛刷拂去或用镜头纸轻轻擦去,严禁用手帕或其他纸张等物品擦拭,以免损坏镜面。观测结束后,应及时套上物镜盖。

③在阳光下观测,应撑伞防晒,雨天禁止观测。对于电子测量仪器,在任何情况下均应注意防护。

④转动仪器时,应先松开制动螺旋,然后平稳转动。使用微动螺旋时,应先拧紧制动螺旋(但切不可过紧),微动螺旋不要旋到顶端,应只使用中间的一段螺纹。

⑤若仪器在使用中发生故障时,应及时向指导教师报告,不得擅自处理。

4.仪器搬迁时的注意事项

①在行走不便的地段搬迁测站或远距离迁站时,必须将仪器装箱后再搬迁。

②近距离或在行走方便的地段迁站时,可以将仪器连同三脚架一起搬迁。先检查连接螺旋是否拧紧,松开各制动螺旋,收拢三脚架腿,左手托住仪器的支架或基座,右手抱住脚架,稳步行走,严禁将仪器斜扛在肩上进行搬迁。

③迁站时,应带走仪器配套的所有附件和工具等其他物品,防止遗失。

5.仪器装箱时的注意事项

①实习结束后,仪器使用完毕应清除仪器上的灰尘并套上物镜盖。

②仪器装箱前,先松开各制动螺旋,将脚螺旋调至中间位置并使各脚螺旋所处位置大致同高。一手握住仪器支架或基座,一手将中心连接螺旋拧开,双手从脚架头上取下仪器放入箱内。

③仪器放入箱内,使其正确就位,试关箱盖,确认放妥后(若箱盖合不上口,说明仪器位置未放置正确,应重放。切不可强压箱盖,以免损伤仪器),再拧紧仪器各制动螺旋,然后关箱、搭扣、上锁。

④清除箱外的灰尘和三脚架上的泥土。

3.2 精密测角与测距

3.2.1 全站仪的认识与操作实习

1.实习目的

①了解全站仪的显示内容与键盘功能。

②了解全站仪的配置菜单及仪器的自检功能。

③掌握全站仪的测站安置方法及测站设置。

④掌握全站仪各种数据信息的输入与输出方法。

2.实习要求

①熟悉全站仪的各个螺旋及全站仪的显示面板等功能。

②了解全站仪工作参数的设置,掌握应用程序功能(PROG)、菜单(MENU)、测距设置(EDM)、功能(FNC)等按键和功能的设置和使用。

a.应用程序功能(PROG):测量、放样、面积测量、对边测量、自由测站、参考线放样。

b.菜单(MENU):快速设置、数据管理、系统信息、完全设置、轴系误差。

c.测距设置(EDM):激光投点器(Laserpointer)、测距模式(EDM mode)、棱镜模式(Prism Type)、棱镜常数(Prism Const)。

d.功能(FNC):全站仪功能的设置与应用。

③能够正确快速地安置全站仪,并能进行定向、输入测站点数据信息(测站点坐标、定向点坐标、仪器高、觇标高)等工作的操作。

3.实习步骤

①每班按全站仪的数目分组,每组由指导教师先讲解本次实习目的的内容及实习注意事项。

②每位同学在实习指导教师的指导下,按实习目的的要求依次完成以下实习内容,并由实习教师讲解并示范仪器的各项功能和操作方法:

a.熟悉全站仪的各个螺旋及全站仪显示面板的功能;

b.熟悉全站仪的配置菜单及仪器的自检功能;

c. 在实习指导教师的指导下,正确快速地进行全站仪的对中、整平工作;

d. 在实习指导教师的指导下,进行全站仪的测站设置(输入测站点坐标、定向点坐标、仪器高、觇标高等数据)和定向工作。

4.注意事项

①由于全站仪是集光、电、数据处理程序于一体的多功能精密测量仪器,在实习过程中应注意保护好仪器,尤其不要使全站仪的望远镜受到太阳光的直射,以免损坏仪器。

②未经指导教师的允许,不要任意修改仪器的设置参数,也不要任意进行非法操作,以免因操作不当而发生事故。

附1 认识 LEICA 全站仪

徕卡 TPS800 系列全站仪(图 3-1)是一款工程用的品质优良的全中文电子全站仪,它具有的创新领先的技术大大地简化了日常的测量工作。这个系列的全站仪在简单的工程测量和放样工作中尤为适用,TPS800系列全站仪操作简单,实用方便,易学易用。

图 3-1 徕卡全站仪

1.仪器的装箱开箱(见图3-2)

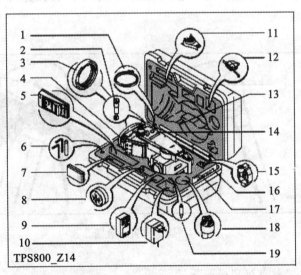

1.数据电缆(选件) 2.弯管目镜或大仰角目镜(选件) 3.弯管目镜配重(选件) 4.可拆卸基座(选件)
5.充电器和附件(选件) 6.两个内六角扳手、改针 7.电池GEB111(选件) 8.太阳罩(选件)
9.电池GEB121(选件) 10.充电器的电源适配器(选件) 11.仪器高测量器支架GHT196(选件)
12.仪器高测量器GHM007(选件) 13.微型棱镜杆(选件) 14.全站仪 15.微型棱镜、棱镜框(选件)
16.微型目标板(只用于TCR型) 17.用户手册 18.遮雨罩/镜头罩 19.微型棱镜尖脚(选件)

图 3-2 仪器开箱示意图

将TPS800全站仪从包装箱中取出,检查是否完整。

2.脚架安置

①松开脚架的紧固螺丝,把脚架伸长至所需长度,拧紧紧固螺丝,如图3-3所示。

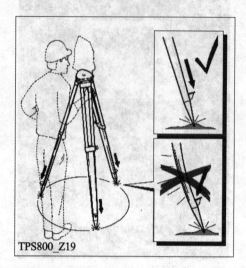

图3-3　脚架安置示意图①

②沿脚架腿的方向,用力将脚架踩入地面。稳固架设脚架时,应注意使脚架面大致水平,脚架头少量的倾斜可以通过调整基座脚螺旋达到水平,而大的倾斜必须调整脚架腿,如图3-4和图3-5所示。

图3-4　脚架安置示意图②

3.应用电子水准器整平仪器的步骤

①开机并通过[常用功能]>[整平/对中]按键打开激光对中器和电子水准器。

②通过转动基座的脚螺旋使圆水准器气泡大概居中。若仪器竖轴的倾斜在一个定值范围内,则显示屏将显示电子水准器的气泡和指示脚螺旋旋转方向的箭头。

③将仪器转动至两脚螺旋连线的平行方向(如仪器横轴平行于两脚螺旋的连线)。

④通过转动这两个脚螺旋使该轴向的电子水准器气泡居中,箭头指示脚螺旋转动的方向(如图3-6所示)。当电子水准器气泡居中时,箭头将被两个复选标志代替。

安置步骤

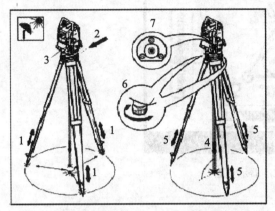

1.顾及到观测姿势的舒适性,调节三脚架腿到合适的高度并将脚架置于地面标志点上方,并尽可能将脚架头中心对准地面点。

2.旋紧中心连接螺旋,将基座及仪器固定到三脚架上。

3.开机并通过[常用功能]>[整平/对中]按键打开激光对中器和电子水准器。

4.移动三脚架1或旋转基座脚螺旋6,使激光点对准地面点。

5.通过伸缩三脚架腿整平圆水准器7(即圆水准器气泡居中)。

6.根据电子水准器的指示值,转动基座脚螺旋6以精确整平仪器。

7.稍微松开中心连接螺旋(但仍保持与基座的连接),平移三脚架头2上的基座,将仪器精确对准地面点4,然后拧紧中心连接螺旋。

8.重复第6步和第7步,直至达到所要求的精度。

图3-5 脚架安置示意图③

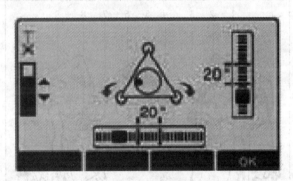

图3-6 电子水准器示意图①

⑤通过转动余下的第3个脚螺旋使第二个轴向(垂直于第一个轴向)的电子水准器气泡居中,箭头指示脚螺旋转动的方向(如图3-7所示),当电子水准器气泡居中时,箭头将被一个复选标志所代替。当电子水准器气泡居中且三个复选标志都被显示时(如图3-8所示),表明仪器已完全被整平。

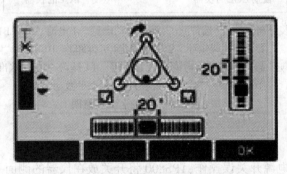

图3-7 电子水准器示意图②

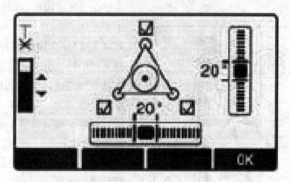

图 3-8　电子水准器示意图③

⑥按"确认"键后退出。

4.各部件的名称

各部件名称如图 3-9 所示。

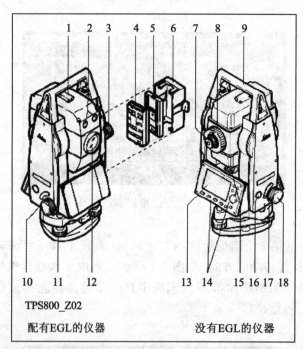

1.粗瞄准　2.内装导向光装置(选件)　3.垂直微动螺旋　4.电池　5.GEB111 电池盒垫块
6.电池盒　7.目镜　8.调焦环　9.螺丝固定(可拆卸)　10.RS232 串行接口
11.脚螺旋　12.望远镜物镜　13.显示屏　14.键盘　15.圆水准器
16.电源开光　17.热触发键　18.水平微动螺旋

图 3-9　各部件的名称示意图

5.仪器操作

为避免不必要的电源开关误操作,TPS800 将开关放在仪器的侧面。

(1)键盘

TPS800 的按键在触摸屏上,如图 3-10 所示。

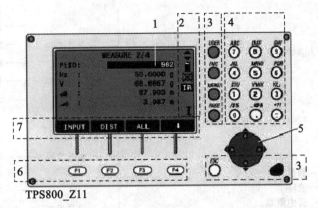

TPS800_Z11

1.当前操作区(有效区域) 2.图标 3.固定键,具有相应的固定功能 4.字符数字键
5.导航键:在编辑或输入模式中控制输入光标,或控制当前操作光标
6.软功能键:相应功能随屏幕底行显示而变化 7.软功能显示:软功能键对应的操作功能

图 3-10 显示屏操作按键示意图

(2)固定键

[PAGE]翻页键。当某对话框包含几个页面时,用于翻页。

[MENU]菜单键。包括调用程序、设置参数、数据管理、仪器校验、通信参数、系统信息和数据传输等子菜单。

[USER]可定义用户键。可从"常用功能"(FNC)菜单中选择定义该键的功能。

[FNC]常用测量功能键。

[ESC]退出对话框或退出编辑模式,保留先前值不变。返回上一级菜单。

[↵]回车键。确认输入,进入下一输入区。

(3)热触发键

测量热触发键可设置为"测存"(ALL)、"测距"(DIST)或"关闭"(OFF)3 种功能,在配置菜单中可激活该键功能。

6.菜单树

TPS800 的菜单树如图 3-11 所示。

3.2.2 全站仪外业数据观测实习

1.实习目的

①掌握全站仪的数据观测方法(角度、边长、坐标、高差等数据)。

②掌握全站仪的数据记录方法和数据管理方法。

③继续熟悉全站仪的应用程序功能(PROG)、菜单(MENU)、测距设置(EDM)、功能(FNC)的设置与应用。

2.实习要求

①能够正确快速的安置全站仪并进行测站设置。

②能够用安置好的全站仪瞄准目标,测量坐标、边长、角度、高差等数据并练习数据的两种记录方法。

3.实习步骤

①每班按全站仪的数目分组,每组由指导教师先讲解本次实习目的的内容及实习注意

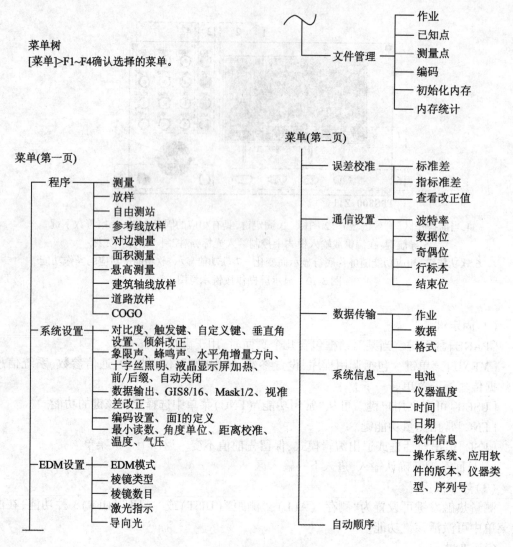

菜单树
[菜单]>F1~F4确认选择的菜单。

文件管理 ── 作业
         ── 已知点
         ── 测量点
         ── 编码
         ── 初始化内存
         ── 内存统计

菜单(第一页)

程序 ── 测量
     ── 放样
     ── 自由测站
     ── 参考线放样
     ── 对边测量
     ── 面积测量
     ── 悬高测量
     ── 建筑轴线放样
     ── 道路放样
     ── COGO

系统设置 ── 对比度、触发键、自定义键、垂直角设置、倾斜改正
        ── 象限声、蜂鸣声、水平角增量方向、十字丝照明、液晶显示屏加热、前/后缀、自动关闭
        ── 数据输出、GIS8/16、Mask1/2、视准差改正
        ── 编码设置、面I的定义
        ── 最小读数、角度单位、距离校准、温度、气压

EDM设置 ── EDM模式
        ── 棱镜类型
        ── 棱镜数目
        ── 激光指示
        ── 导向光

菜单(第二页)

误差校准 ── 标准差
        ── 指标准差
        ── 查看改正值

通信设置 ── 波特率
        ── 数据位
        ── 奇偶位
        ── 行标本
        ── 结束位

数据传输 ── 作业
        ── 数据
        ── 格式

系统信息 ── 电池
        ── 仪器温度
        ── 时间
        ── 日期
        ── 软件信息
        ── 操作系统、应用软件的版本、仪器类型、序列号

自动顺序

图 3-11　菜单树

事项。

②每位同学在实习指导教师的指导下,按实习目的和要求完成各项实习内容:

a.安置全站仪并进行测站设置;

b.用安置好的全站仪观测角度、边长、坐标、高差等数据并记录观测数据(点数不少于20个);

c.利用数据管理功能对刚才所测得的数据进行查寻提取;

d.操作全站仪的应用功能(任务设置(Set Job)、设置测站点坐标和定向(Set Station)、自由测站(Free Station)、放样(Set Out)、对边测距(Missing Ling)等)。

附2　LEICA 全站仪的使用

1.角度测量

当仪器安置架设完毕,打开电源开关,全站仪已做好了准备。

在测量显示中,可以调用固定键、功能键、热键的功能。

常规测量显示的示例如图 3-12 所示,F1~F4 启动相应的功能。

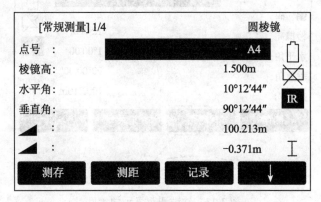

图 3-12 常规测量显示的示例

2.距离测量

TPS800 系列全站仪内置有激光测距仪(EDM),在所有版本的全站仪中,均可以使用望远镜同轴发射的激光束测距。

注意事项:

①不要在有棱镜测距模式下对诸如交通标志等强反射目标直接测距,这样的测量即使获得结果也可能是错误的。

无棱镜测距采用一种特殊的 EDM 设置和适当的激光束路径设置,配合标准棱镜可达 5 千米以上的测程。

可以对微型棱镜、360°棱镜及反射片测距,也可以对无棱镜测距。

②当触发测距键时,仪器对在光路内的目标进行距离测量。

当测距进行时,如果有行人、汽车、动物、摆动的树枝等通过测距光路,会有部分光束反射回仪器,从而导致距离测量结果的不正确。

在无反射器测量模式及配合反射片测量模式下,测量时要避免光束被遮挡干扰。在配合棱镜测距中,当测程在 300 米以上或 0~30 米以内,有物体穿过光束的情况下,测量会受到严重影响。在实际操作中,由于测量时间通常很短,所以用户总能想办法来避免这种不利情况的发生。

③在红外(IR)无棱镜模式下,可用于短距离测量反射条件较好的目标,此时距离添加了当前棱镜加常数的修正。

④当使用软键测距时,命令及功能软按键列于显示屏的底行,可以通过点击对应的功能键激活相应功能。每一个软功能键所代表的实际意义依赖于当前激活的应用程序及功能,其示例如图 3-13 所示。

一般软按键:

[测存]启动角度及距离测量,并将测量值记录到相应的记录设备中。

[测距]启动角度及距离测量,但不记录数据。

[记录]记录当前显示的测量数据。

[回车]确认当前行的输入,继续下一行输入。

[XYH]打开坐标输入模式。

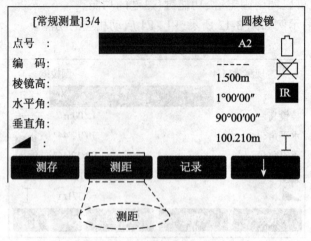

图 3-13　软键测距显示的示例

[列表]显示所有可用选项的列表。

[搜索]对已输入的点启动搜索。

[EDM]显示 EDM 设置。

[IR/RL]有棱镜/无棱镜测距模式间切换。

[后退]退回到前一个激活的对话框。

[继续]继续到下一个对话框,返回到高一级软按键继续到下一级软按键。

[确认]设置显示信息或对话框并退出对话框。

请在相关章节查询菜单或应用程序按钮的详细信息。

⑤屏幕显示符号如图 3-14 所示。

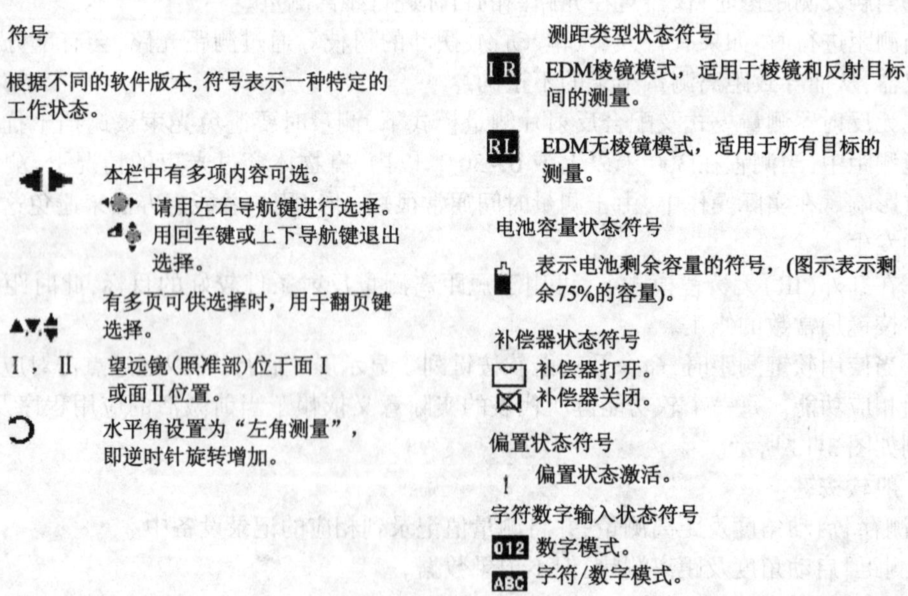

符号

根据不同的软件版本,符号表示一种特定的工作状态。

◀▮▶ 本栏中有多项内容可选。
　　用左右导航键进行选择。
　　用回车键或上下导航键退出选择。

▲▼ 有多页可供选择时,用于翻页键选择。

Ⅰ, Ⅱ 望远镜(照准部)位于面Ⅰ或面Ⅱ位置。

↻ 水平角设置为"左角测量",即逆时针旋转增加。

测距类型状态符号

IR EDM棱镜模式,适用于棱镜和反射目标间的测量。

RL EDM无棱镜模式,适用于所有目标的测量。

电池容量状态符号

🔋 表示电池剩余容量的符号,(图示表示剩余75%的容量)。

补偿器状态符号

⊡ 补偿器打开。
⊠ 补偿器关闭。

偏置状态符号

↓ 偏置状态激活。

字符数字输入状态符号

012 数字模式。
ABC 字符/数字模式。

图 3-14　屏幕显示符号

3.3 精密水准测量

3.3.1 精密水准仪与水准尺的认识与使用

1.目的与要求

①了解威特 N3 水准仪、蔡司 Koni007 自动安平水准仪及水准标尺的基本结构以及各螺旋的作用,初步学会两种仪器的使用方法和在水准尺上读数的方法。

②将仪器与书本上仪器的图片对照,熟悉仪器各部件的名称及其作用,着重比较不同仪器的特点。

③掌握两种仪器在标尺上的读数方法,并了解测微器的测微工作原理。

④了解精密水准尺的特点,区分它与一般普通水准尺有何不同。

2.仪器及工具

每组借用 N3 水准仪一台,脚架一个,N3 水准标尺、扶杆各两根,以及记录板、铅笔与记录本手簿等。另外借用 Koni007 水准仪一台,脚架、Koni007 水准标尺若干。

3.方法与步骤

(1)精密水准仪和水准尺的构造与各部件的作用

N3 精密水准仪的外形如图 3-15 所示。望远镜物镜的有效孔径为 50mm,放大倍数为 40 倍,管状水准器格值为 10″/2mm。N3 精密水准仪与分格值为 10mm 的精密因瓦水准标尺配套使用,标尺的基辅差为 301.55cm。在望远镜目镜的左边上下有两个小目镜,它们是符合气泡观察目镜和测微器读数目镜。

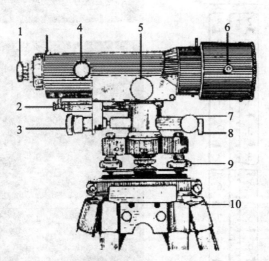

1.望远镜目镜 2.水准气泡反光镜 3.倾斜螺旋 4.调焦螺旋
5.平行玻璃板测微螺旋 6.平行玻璃板旋转轴 7.水平微动螺旋
8.水平制动螺旋 9.脚螺旋 10.脚架

图 3-15 N3 精密水准仪

精密水准尺的分划印刷在因瓦合金钢带上,由于这种合金的温度膨胀系数很小,因此水准尺的长度准确而稳定。为了使因瓦合金钢带不受木质尺身伸缩的影响，以一定的拉力将其引张在木质尺身的凹槽内。水准尺的分划为线条式，如图 3-16 和图 3-17 所示。水准尺的分划值有 10mm 和 5mm 两种，与所用水准仪的测微器相配合。10mm 分划的精密水准尺如图 3-16(a)所示，它有两排分划，右边一排注记为 0~300cm，称为基本分划；左边一排注记为 300~600cm，称为辅助分划。同一高度的基本分划与辅助分划相差一个常数 301.55cm，这个常数称为基辅差，又称尺常数，用以检查读数中是否存在错误。5mm 分划的精密水准尺如图 3-16(b)所示，它也有两排分划，彼此错开 5mm，因此，实际上左边是单数分划，右边是

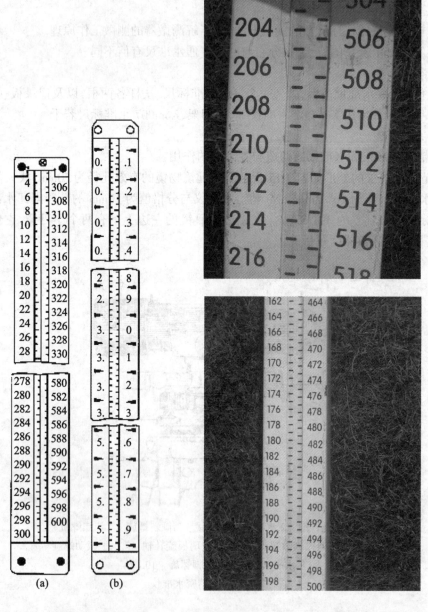

图 3-16　精密水准尺示意图①　　　　　　图 3-17　精密水准尺影像图②

66

双数分划;右边注记是米数,左边注记是分米数,分划注记比实际数值大了一倍,所以,用这种水准尺所测得的读数应除以 2 才为实际的高度。为了免去对尺上厘米分划以下的估读,进一步提高读数精度,精密水准仪上安装有平行玻璃板测微装置。视线经过倾斜的平行玻璃板时,产生上下平行移动,使原来并不对准尺上某一分划的视线精确对准某一分划,由此可以读到一个整分划读数,而其尾数(即视线在尺上的上下平行移动量)则由测微器上的精细分划读出(直读 0.1~0.05mm)。

(2)自动安平水准仪 Koni007

这种仪器由于其构造的特点,外形与一般水准仪不同,成直立圆筒状,一般称为直立式,图 3-18 就是这种仪器的外形。这种直立式水准仪离地面比一般的卧式水准仪高,因而有利于减弱地面折光影响。

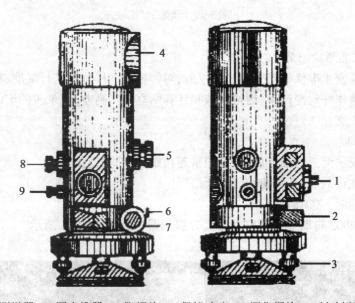

1.测微器 2.圆水推器 3.脚螺旋 4.保护玻璃 5.调焦螺旋 6.制动扳把
7.微动螺旋 8.望远镜目镜 9.水平度盘读数目镜
图 3-18 Koni007 自动安平水准仪

(3)精密水准仪的安置与操作

①安置脚架和连接仪器。在选好的测站上松开脚架伸缩螺旋,拉升到需要调整的高度,架头大致保持水平,拧紧脚架伸缩螺旋,将仪器用连接螺旋固定在架头上。

②粗平。转动脚螺旋,使圆水准器或粗平水准管气泡居中,使仪器的纵轴大致铅垂。

③瞄准。把望远镜对准水准尺,进行目镜调焦和物镜调焦,使十字丝和水准尺成像清晰,消除视差。

④精平。转动倾斜螺旋,使符合水准管气泡严格居中,从而使望远镜的视准轴处于水平位置。可以在水准管气泡观察镜中看到气泡两端的影像,使气泡两端的影像符合。

⑤读数。水准仪精确整平后,视线水平,此时可转动测微螺旋使望远镜目镜中看到的楔形丝夹住水准标尺上的 148 分划线,也就是使 148 分划线平分楔角,再在测微器目镜中读出测微器读数 653,故水平视线在水准尺上的全部读数为 148.653cm,如图 3-19 所示。

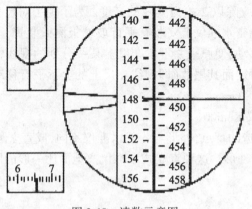

图 3-19　读数示意图

（4）精密水准测量记录

每人练习精密水准仪的安置和操作以后，对两根水准尺分别进行瞄准、精平、读数，并按精密水准测记簿作好观测记录、测站检核和计算两立尺点高差，记录表的记录和计算作为本次实习的成果上交。

（5）注意事项

①水准仪安放到三脚架上后，必须拧紧连接螺旋，使其连接牢固。

②水准仪在读数前，必须使长气泡严格居中。

③瞄准目标时，必须消除视差。

Ni007 和 Ni002 自动安平精密水准仪分别如图 3-20 和图 3-21 所示。

图 3-20　Ni007 自动安平精密水准仪

图 3-21　Ni002 自动安平精密水准仪

3.3.2　数字水准仪的认识与使用

1.目的与要求

①了解数字水准仪的基本构造和性能。

②掌握数字水准仪的安置方法,了解各按键的名称及其主要功能,熟悉它们的使用方法。

③练习数字水准仪的安置、瞄准、读数与高差测量。

2.计划和设备

①每个实习小组由 5 人组成,轮流分工为:1 人操作仪器,1 人记录,2 人立尺。

②徕卡 DNA03 数字水准仪、索佳 SDL30 数字水准仪、拓普康 DL-101C 数字水准仪,铟瓦数字水准尺、尺垫、记录板、铅笔等。

3.仪器的认识及功能介绍

(1)索佳 SDL30 数字水准仪如图 3-22 所示。

图 3-22　SDL30 数字水准仪

①SDL30 数字水准仪的部件名称与显示屏分别如图 3-23 和图 3-24 所示。

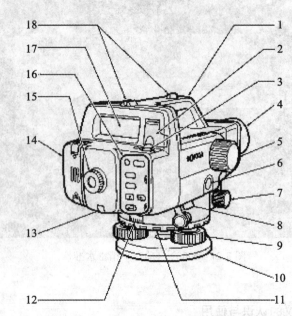

1.提柄　2.气泡镜　3.圆水准器　4.物镜　5.物镜调焦螺旋　6.测量键
7.水平微动螺旋　8.数据输出插口、水平读盘　9.脚螺旋　10.底盘
11.水平读盘设置环　12.水平读盘　13.十字丝校正螺丝及护盖　14.电池盖
15.目镜及调焦旋钮　16.键盘　17.显示屏　18.粗瞄准器

图 3-23　SDL30 数字水准仪各部件示意图

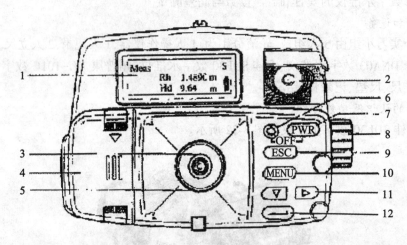

1.显示屏　2.圆水准器观察镜　3.目镜　4.电池盒盖　5.目镜调焦螺旋　6.照明键
7.电源键　8.物镜调焦螺旋　9.返回键　10.菜单键　11.光标移动键　12.回车键

图 3-24　SDL30 数字水准仪操作面板

②显示屏。显示屏中显示仪器的操作状态、当前模式等内容,以帮助操作者按提示完成
测量过程,显示屏的内容如图 3-25 所示。

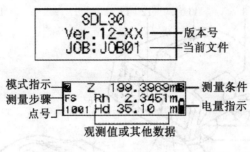

图 3-25 SDL30 数字水准仪显示屏

a.测量模式(在菜单模式下无此显示):显示当前测量模式。

S：单次测量。

R：重复测量。

A：均值测量。

T：跟踪测量。

b.模式显示:电子水准仪有测量和放样等多种功能,并且可以自动读数、计算和记录,通过各种操作模式来实现相应功能。图 3-25 为 SDL30 型数字水准仪的操作模式结构图,图中表示菜单和各种模式的屏幕显示。仪器开机后,显示可以进行一般水准测量的"状态屏幕",按菜单键显示"菜单屏幕",按返回键,可返回"状态屏幕"。"菜单屏幕"共有 8 个菜单项,选取某一菜单项后按回车键,分别显示其工作模式内容：Meas,状态(Status)模式或测量(Measurement)模式;M,菜单(Menu)模式(共 2 页,再次按菜单键,可使其轮流显示);JOB,工作文件(JOB Setting)设置模式,包含有 4 个选项的子菜单;REC,记录(Record Setting)设置模式,包含有 4 个选项的子菜单；△H,高差(Height difference)测量模式"Ht-diff";Z,高程(Elevation)测量模式"Elev";SO,为放样(Setting out)测量模式"S—O",包含有 3 个选项的子菜单;C,参数配置(Configuration)模式"Config",包含有 6 个选项的子菜单(分 2 页)。

Ⓐ:选取菜单按键操作Ⓑ:返回上一屏幕按键操作

(2)徕卡 DNA03 数字水准仪

徕卡 DNA03 数字水准仪是徕卡全新推出的第二代数字水准仪,其主要特点是:大屏幕的液晶显示屏能将所有重要的测量数据在一个界面上显示出来,并且能够提示下一步动作;测量数据双重保护,工作自动存储在仪器内存里,测量完成后,数据可存储到一张 PC 卡上,这样测量数据可以非常方便地下载到计算机上;利用随机的徕卡 SurveyOffice 软件可以进行数据交换、参数设置、建立编码表以及更新仪器系统软件,一个特别的功能是能将数据输出格式设成像外业手簿那样的显示方式;选购的专业水准测量数据处理软件 LevelPak-Pro 功能包括线路计算、平差以及报表生成,通过数据库对数据和结果进行管理;Level-Adj 中文水准测量平差软件,可以配合徕卡 DNA 中文数字水准仪使用,该软件采用 Access 数据库储存和管理数据。

①徕卡 DNA03 数字水准仪的构造与各部件的名称分别如图 3-26 和图 3-27 所示。

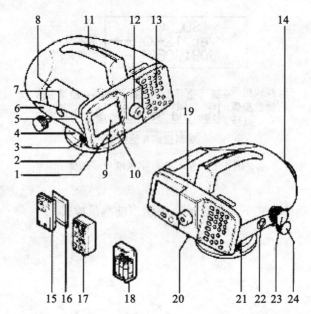

1.开关 2.底盘 3.脚螺旋 4.水平度盘 5.电池盖操作杆 6.电池仓 7.开 PC 卡槽盖按钮
8.PC 卡槽盖 9.显示屏 10.圆水准器 11.带有粗瞄器的提把 12.目镜 13.键盘
14.物镜 15.GEB111 电池(选件) 16.PCMCIA 卡(选件) 17.GEB121 电池(选件)
18.电池适配器 GAD39(6 节干电池,选件) 19.圆水准器进光管 20.外部供电的 RS232 接口
21.底座 22.测量按钮 23.调焦螺旋 24.水平微动螺旋
图 3-26 徕卡 DNA03 数字水准仪的构造与各部件的名称①

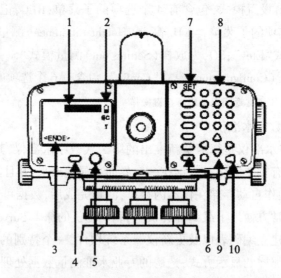

1.聚焦(黑条表示该栏为活动栏) 2.符号 3.软按键 4.电源开关键 5.圆水准器
6.固定键(左边一列,具有固定功能的按键) 7.固定键(用[shift]加固定键启动第二功能)
8.输入键(输入数字、字母和特殊字符) 9.定位键(功能的变化与应用有关) 10.回车键
图 3-27 徕卡 DNA03 数字水准仪的构造与各部件的名称②

②DNA03 数字水准仪的键盘和显示屏如图 3-28 所示。

③测量模式。按键 **MODE**，显示测量模式如图 3-29 所示。

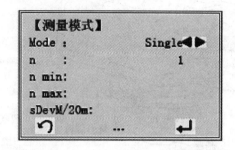

图 3-28　DNA03 数字水准仪外形　　　图 3-29　DNA03 数字水准仪的测量模式

可以建立单次测量或多次测量模式。在多次测量模式下，仪器依次自动执行多次测量，直到完成设定的测量次数、达到终止标准或者观测者终止这种测量模式。

（3）拓普康 DL-101C/102C 数字水准仪

①拓普康 DL-101C/102C 数字水准仪的主要功能。

拓普康精密型数字水准仪 DL-101C/102C 采用先进的图像处理技术使其水准测量精度高、操作更方便，适用于一、二等水准测量和变形监测等高精度测量。其主要特点为：

＊　快速自动测量：使用拓普康独特的条码水准尺，DL-101C/102C 可自动测定水平视线在水准尺上的读数和视线长度，并以数字形式显示，全自动电子测量，无须进行光学读数。

＊　内置水准测量程序：可进行下列 BFFB（后前前后）、BBFF（后后前前）和 BF（后前）这三种模式的水准测量。

＊　PCMCIA 存储卡系统：DL-101C/102C 采用国际标准的 PCMCIA 存储卡系统，容量为 256KB/128KB/64KB 的存储卡可以作为仪器 400KB 内存的补充，仪器内存可以存储 1000 个水准测量数据。PCMCIA 存储卡槽隐藏在仪器内部电池的后面，这可确保 PCMCIA 卡防水。

＊　数据输出功能：标准的 RS-232C 端口可供水准仪与数据采集器之间的实时通信或将数据直接输送到计算机。

拓普康 DL-101C/102C 数字水准仪和水准尺如图 3-30 所示。

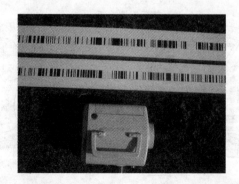

图 3-30　拓普康 DL-101C/102C 数字水准仪和水准尺

②拓普康 DL-101C/102C 数字水准仪的键盘和显示屏如图 3-31 所示。

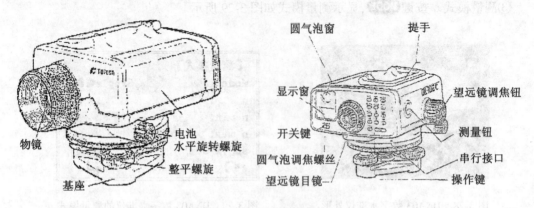

图 3-31　DL-102C 数字水准仪

（4）拓普康 DL-101C 数字水准仪（见图 3-32）

图 3-32　DL-101C 数字水准仪

各部件的名称与功能和主要技术指标分别如图 3-33 和图 3-34 所示。

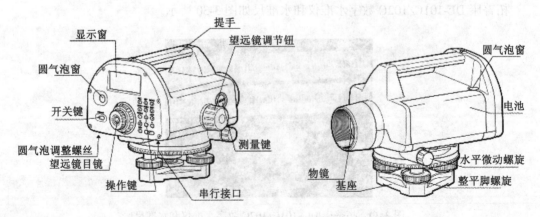

图 3-33　DL-102 数字水准仪各部件的名称与功能

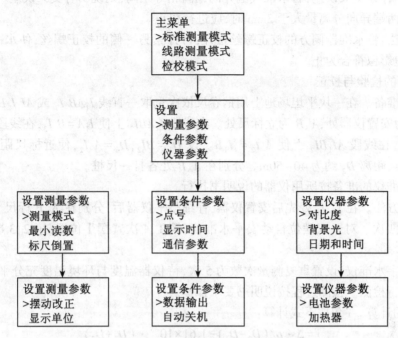

图 3-34　DL-102 数字水准仪菜单

3.3.3　视准轴与水准轴相互关系正确性的检验与校正

1.实习目的

①明确水准仪视准轴与水准轴之间的准确关系。

②掌握水准仪交叉误差和三角误差检验与校正的操作程序和成果整理方法。

2.实习步骤

（1）交叉误差的检验与校正

如果仪器存在交叉误差,整平仪器后,当仪器绕视准轴左右倾斜时,水准气泡就会出现反向移动的现象,如果竖轴左右倾斜的角度相同,则气泡反向移动的量也相等。交叉误差的检验就是按这个原理进行的,其步骤为:

①将水准尺置于距水准仪约 50m 处,并使一个脚螺旋位于望远镜至水准尺的方向上。

②转动倾斜螺旋使符合水准器气泡精密符合,再旋转测微螺旋使楔形丝精确夹准水准尺上的一个分划线,并记录水准尺与测微器分划尺上的读数,该读数在整个检验过程中应保持不变,即应保持视准方向不变。

③同时相对转动望远镜两侧的脚螺旋两周,使仪器绕视准轴向一侧倾斜(注意楔形丝仍夹准原分划线),这时观察并记录水准气泡的偏移方向和大小。

④如果气泡影像偏离,再按与步骤③相反的方向相对转动两个脚螺旋两周,使得在楔形丝仍夹准水准尺的原分划线条件下,水准气泡符合。

⑤再同时与步骤③相反的方向相对转动两个脚螺旋两周,使仪器绕视准轴向另一侧倾斜,观察并记录水准气泡的偏移方向和大小。

在上述仪器向两侧倾斜的情况下,若水准气泡的影像仍保持符合或同方向偏移相同距离,则说明不存在交叉误差;若水准气泡异向偏离相等距离,则说明有交叉误差。规范规定,当水准气泡两端异向分离量大于2mm时,应进行校正。

校正方法:将水准器侧方的校正螺丝松开,再拧紧另一侧的校正螺丝,使水准器左右移动,直到气泡影像符合为止。

(2)i角的检验与校正

①场地准备。在一块平坦场地上用钢卷尺依次量取一直线 I_1ABI_2 或 AI_1I_2B 或 AI_1BI_2,其中 I_1、I_2 为安置仪器处,A、B 为立标尺处。在线段 I_1ABI_2 上使 $I_1A=BI_2$,在线段 AI_1I_2B 上使 $AI_1=I_2B$,在线段 AI_1BI_2 上使 $AI_2=I_1B$。设 $D_1=BI_2$,$D_2=AI_2$,使近标尺距离 D_1 约为 5~7m,远标尺距离 D_2 约为 40~50m。分别在 A、B 处各打一尺桩。

数字水准仪的准备按所用仪器的说明书执行。

②观测方法。在 I_1、I_2 处先后安置仪器,仔细整平仪器后,分别在 A、B 标尺上各照准基本分划读数四次。对于双摆位自动安平水准仪,第1、4次置摆 I 位置,第2、3次置摆 II 位置。

对于数字水准仪,设置重复测量次数为 5 次,待仪器温度与环境温度充分平衡,开机预热后方可进行检侧。检测过程按说明书要求操作。

③i角的计算。i角按下式计算:

$$i=\Delta \cdot \rho /(D_2-D_1)-1.61\times10^{-5} \cdot (D_1+D_2) \tag{3.1}$$

且

$$\Delta=\begin{cases} [(a_2-b_2)-(a_1-b_1)]/2 & \text{按 } I_1ABI_2 \text{ 或 } AI_1I_2B \text{ 设站时。} \\ (a_2-b_2)-(a_1-b_1) & \text{按 } AI_1BI_2 \text{ 设站时。} \end{cases}$$

式中:

i:i角值,单位为角秒(″);

ρ:206 265,单位为角秒(″);

a_2:在 I_2 处观测 A 标尺的读数平均值,单位为毫米(mm);

b_2:在 I_2 处观测 B 标尺的读数平均值,单位为毫米(mm);

a_1:在 I_1 处观测 A 标尺的读数平均值,单位为毫米(mm);

b_1:在 I_1 处观测 B 标尺的读数平均值,单位为毫米(mm);

D_1:仪器距近标尺距离,单位为毫米(mm);

D_2:仪器距远标尺距离,单位为毫米(mm)。

④校正。对于i角大于15″的仪器应进行校正,对于自动安平水准仪,应送有关修理部门进行校正。对于气泡式水准仪,按下述方法校正。

在 I_2 处,用倾斜螺旋将望远镜视线对准 A 标尺上应有的正确读数 a_2',a_2' 按式(3.2)计算:

$$a_2'=a_2-\Delta \cdot D_2/(D_2-D_1) \tag{3.2}$$

然后校正水准器改正螺丝使气泡居中。校正后将仪器望远镜对准标尺读数 b_2',b_2' 应与式(3.3)计算结果一致,以此作检校:

$$b_2'=b_2-\Delta \cdot D_1/(D_2-D_1) \tag{3.3}$$

校正需反复进行,直到i角合乎要求为止。

⑤i角检验范例见表3-1。

表 3-1   **i 角的检校**

仪器:Ni004   NO. 71001   方法:I_1ABI_2 观测者:

日期:1999-8-10   标尺:NO. 16796   NO. 10797   记录者:

时间: 8 :10   成像:清晰稳定   检查者:

仪器距近标尺距离 $D_1 = 6.0\text{m}$ 仪器距远标尺距离 $D_2 = 41.0\text{m}$

仪器站	I_1		I_2	
观测次序	A 尺读数 a_1	B 尺读数 b_1	A 尺读数 a_2	B 尺读数 b_2
1	298 712	299 140	310 952	311 394
2	704	142	956	410
3	708	154	944	396
4	708	146	958	400
中数	298 708	299 146	310 952	311 400
高差 $(a-b)/\text{mm}$	−2.19		−2.24	

方法:I_1ABI_2, AI_1I_2B

    $\Delta = [(a_2-b_2)-(a_1-b_1)]/2 = -0.025\text{mm}$

方法:AI_1BI_2

    $\Delta = [(a_2-b_2)-(a_1-b_1)] = \quad\quad\quad\quad \text{mm}$

    $i = \Delta \cdot \rho/(D_2-D_1) - 1.61\times10^{-5} \cdot (D_1+D_2) = -0.147 - 0.757 = -0.90''$

校正:$a_2' = a_2 - \Delta \cdot D_2/(D_2-D_1) =$

       $b_2' = b_2 - \Delta \cdot D_1/(D_2-D_1) =$

3.3.4 水准尺零点差与尺常数的检验

1.目的与要求

熟练水准尺零点差与尺常数的检验方法与计算方法。

2.计划与设备

①每个实习小组由 6 人组成,轮流分工为:1 人操作仪器,1 人记录,2 人立尺,2 人量距。

②实习设备为精密光学水准仪 N3、自动安平水准仪 Koni 007、徕卡 DNA03 数字水准仪、索佳 SDL30 数字水准仪、拓普康 DL-101C 数字水准仪,铟瓦水准尺、尺垫、记录板、测绳等。

3.方法与步骤

(1)场地准备

在距水准仪约 20～30 m 的等距离处打下三个尺桩,使桩顶间高差约 20cm。

(2)观测方法

此项检验应进行三个测回,每一测回中,分别在三根尺桩上依次安置一对标尺,每次用光学测微器按基、辅分划各读数两次,且望远镜的视轴位置应保持不变,测回间应变换仪器高。

在使用双摆位的自动安平水准仪进行此项检验时,应将摆置于同一位置上。

对于数字水准仪,应设置重复测量次数为 5 次,每测回每桩连续读数为 4 次。

(3)计算方法

分别计算每根标尺基、辅分划所有读数的中数,两根尺基本分划读数中数的差,即作为一对标尺零点不等差;计算每根标尺基本分划读数的中数与辅助分划读数的中数的差,即为每根标尺基辅分划读数差常数。

(4)线条式因瓦标尺检验范例

线条式因瓦标尺的检验见表 3-2。

表 3-2　　　　　　　　一对标尺零点不等差及基辅分划读数差常数的测定

标尺:线条式因瓦标尺　No. 0619　No.0620　　　日期:1999-8-13　　　仪器:N3　No. 58823

观测者:　　　　　　　　　　　　记录者:　　　　　　　检查者:

测回	桩号	No. 0619 标尺读数			No.0620 标尺读数		
		基本分划	辅助分划	基辅读数差	基本分划	辅助分划	基辅读数差
I	1	1 218.84	4 234.30	3 015.46	1 218.80	4 234.32	3 015.52
		8.80	4.30	5.50	8.84	4.34	5.50
		8.76	4.32	5.56	8.82	4.4	5.58
	2	1 427.70	4 443.22	5.52	1 427.82	4 443.28	5.46
		7.70	3.18	5.48	7.84	3.34	5.50
		7.72	3.20	5.48	7.80	3.32	5.52
	3	1 628.92	4 644.44	5.52	1 629.04	4 644.52	5.48
		8.88	4.42	5.65	9.04	4.50	5.46
		8.92	4.40	5.48	9.02	4.48	5.46
	平均	1 425.14	4 440.64	3 015.50	1 425.22	4 440.72	3 015.50
II	1	1 244.48	4 259.92	3 015.44	1 244.54	4 260.04	3 015.50
		4.46	9.86	5.40	4.50	0.02	5.52
		4.44	9.86	5.42	4.54	0.02	5.48
	2	1 453.40	4 468.74	5.34	1 453.50	4 468.88	5.38
		3.42	8.80	5.38	3.50	8.94	5.44
		3.44	8.82	5.38	3.52	8.94	5.42
	3	1 654.58	4 670.06	5.48	1 654.06	4 670.16	5.50
		4.62	0.04	5.42	4.72	0.14	5.42
		4.64	0.06	5.42	4.72	0.20	5.48
	平均	1 458.83	4 466.24	3 015.41	1 450.91	4 466.37	3 015.46

测回	桩号	No. 0619 标尺读数			No. 0620 标尺读数		
		基本分划	辅助分划	基辅读数差	基本分划	辅助分划	基辅读数差
III	1	1 266.82	4 282.28	3 015.46	1 266.90	4 282.42	3 015.52
		6.80	2.22	5.42	6.90	2.38	5.48
		6.78	2.26	5.48	6.88	2.34	5.46
	2	1 475.68	4 491.14	5.46	1 475.78	4 491.24	5.46
		5.62	1.10	5.48	5.70	1.22	5.52
		5.64	1.12	5.48	5.74	1.24	5.50
	3	1 676.82	4 692.26	5.44	1 676.92	4 692.38	5.46
		6.84	2.32	5.48	7.00	2.44	5.44
		6.90	2.34	5.44	6.98	2.44	5.46
	平均	1 473.10	4 488.56	3 015.46	1 473.20	4 488.68	3 015.48
总中数		1 449.69	4 465.15	3 015.46	1 449.78	4 465.26	3 015.48

一对标尺零点不等差 = 0.02mm

（5）条码式因瓦标尺检验范例

对于数字水准仪,两条码标尺读数中数的差,即为一对标尺零点不等差,检验范例见表3-3。

表3-3   一对标尺零点不等差测定

标尺:条码式因瓦标尺   No.034   No.035   观测者:

仪器:N3   No. 58823   记录者:

日期:1999-8-13   检查者:

桩号	No.034 标尺读数			No.035 标尺读数		
	I 测回 /mm	II 测回 /mm	III 测回 /mm	I 测回 /mm	II 测回 /mm	III 测回 /mm
1	1 218.84	1 244.48	1 266.82	1 218.80	1 244.54	1 266.90
	1 218.80	1 244.46	1 266.80	1 218.84	1 244.50	1 266.90
	1 218.76	1 244.44	1 266.78	1 218.82	1 244.54	1 266.88
	1 218.80	1 244.46	1 266.80	1 218.82	1 244.53	1 266.89
2	1 427.70	1 453.40	1 475.68	1 427.82	1 453.50	1 475.78
	1 427.70	1 453.42	1 475.62	1 427.84	1 453.50	1 475.70
	1 427.72	1 453.44	1 475.64	1 427.80	1 453.52	1 475.74
	1 427.71	1 453.42	1 475.65	1 427.82	1 453.51	1 475.74

桩号	No.034 标尺读数			No.035 标尺读数		
	Ⅰ 测回 /mm	Ⅱ 测回 /mm	Ⅲ 测回 /mm	Ⅰ 测回 /mm	Ⅱ 测回 /mm	Ⅲ 测回 /mm
3	1 628.92	1 654.58	1 676.82	1 629.04	1 654.66	1 676.92
	1 628.88	1 654.62	1 676.84	1 629.04	1 654.70	1 676.98
	1 628.92	1 654.64	1 676.90	1 629.02	1 654.72	1 677.00
	1 628.91	1 654.61	1 676.85	1 629.03	1 654.72	1 676.97
平均	1 425.138	1 450.831	1 473.100	1 425.224	1 450.912	1 473.200
总平均	1 449.690			1 449.779		
一对标尺零点不等差＝0.09mm						

3.3.5 二等精密水准测量

1.实习目的

①通过一条水准环线的施测,掌握二等精密水准测量的观测和记录方法,使所学知识得到一次实际的应用。

②熟悉精密水准测量的作业组织和一般作业规定。

2.实习要求

①精密水准观测组由7人组成,具体分工是:观测1人,记录1人,打伞1人,扶尺2人,量距2人。

②每组选定一条0.6~1.0km的闭合水准环线,每人完成不少于一个测站上的观测、记录、打伞、扶尺、量距的作业。

③计算环线闭和差。

第4章 集中实习

4.1 概述

4.1.1 集中实习的目的

按照教学计划安排,大地测量集中实习是测绘工程专业学生继"大地测量学基础"等理论课程和课间实习结束后的集中教学实习。虽然以前在"大地测量学基础"课堂教学中也进行了课间实习,但集中教学实习与之相比,具有时间集中、内容全面、知识系统、要求严格的特点。它是严格按照现行的国家有关测量规范进行的一次测量工作实践。通过此集中教学实习,不但能使学生巩固在课堂上学到的理论知识、加深对书本知识的进一步理解和掌握,更为重要的是可使学生的实际动手能力、独立工作能力、分析问题能力、实践创新能力、组织管理能力等诸方面能力得到锻炼和提高。

在大地测量集中实习中,既有传统的精密水准测量和精密导线测量等常规大地测量技术,又有 GPS 测量的现代定位技术、常规大地测量技术方法同现代测量高新技术的有机结合,使学生对常规和现代大地测量技术和方法有一个全面的了解和掌握,为今后学生毕业走上工作岗位打下较为扎实的专业基础。

大地测量集中实习是让学生在较为集中的时间里(根据教学计划可安排4~5周),在老师指导下,熟悉大地控制测量外业、内业的全过程,并根据现行测量规范,利用常规和现代的测量技术与方法进行平面和高程控制网的布设、外业数据采集和内业数据处理,达到了解过程、熟悉方法、掌握技能的目的。

本章专为大地测量集中实习编写,旨在指导和规范大地测量集中实习工作。

4.1.2 集中实习的组织及职责

(1)成立实习大队

若实习的学生人数较多,每批次在两个班级以上,则按年级成立大地测量集中实习大队,并成立由指导教师组成的队委会。实习大队的主要职责是:

①总体负责实习队的全面工作和总体安排,随时了解和掌握学生的思想状况、业务情况及任务完成情况,确保实习任务的顺利完成。

②不定期召开领导小组成员会,研究和讨论实习期间出现的各种问题,并提出相应的解决办法与应对措施。

③不定期检查和落实实习队工作进度、实习纪律执行等情况,尤其是要保障仪器安全和学生的人身安全。

(2)组建实习分队

各班组建实习分队,并成立以本班指导教师、班长、团支书和学习委员为成员的实习领导小组,全面负责各分队的实习工作,研究和处理各班在实习时出现的各种问题,重大问题须及时向实习大队领导小组报告。

(3)各班设若干小组

根据各班人数分为若干小组,每组由5~7人组成,设组长1人,副组长1人,正、副组长的职责是:

①组长:负责本组的全面工作,包括工作计划的制订与任务分工、时间安排;搞好组内的团结和配合,保证本组仪器和人身安全;随时向指导教师汇报本组的工作进度、组织纪律、仪器安全等情况。

②副组长:协助组长工作,主要专项负责仪器安全工作,保管好本组的仪器、器材及观测手簿等资料,每天出测和收测前后清点仪器及其他实习用具,并监督组内成员爱护和保养仪器。

如实习的班级和学生人数较少,则可只成立实习分队,分若干实习小组。

4.1.3 集中实习的基本要求

(1)端正认识

从思想上高度认识大地测量集中实习的重要意义,参加实习前,认真阅读《大地测量学基础》和《大地测量学基础实习教程》的相关内容,了解本次集中实习的要求、内容、方法和纪律等,做到心中有数,满怀信心地投身到实习中,按质保量地完成任务。

(2)严守规范

按照有关仪器的操作规程进行观测、记录与计算。手工记录时用2H或3H铅笔,表格上各项内容应填写齐全,做到记录计算正确、字体端正、字迹清晰。记录者听取观测者报出观测读数后,应向观测者回报读数,以免记错。记录与计算时严禁出现任何涂改、伪造、转抄、弄虚作假等现象。

(3)保障安全

绝对保证人身和仪器安全。特别是在外业观测时对仪器的安全应倍加重视,坚决做到观测时人不离仪器(包括导线测量时镜站必须有人值守)、水准测量扶尺时手不离尺,如有违反,则取消本次实习资格,成绩作不及格论,损坏仪器须照价赔偿。

(4)加强纪律

加强实习纪律是实习顺利进行的重要保证。做到一切行动听指挥,实习期间不得无故缺席或迟到、早退,无特殊原因不得请假,请假须得到各班指导教师和实习队长的批准,并按学校和院(系)规定办理相关手续,否则按未参加实习处理,实习成绩作不及格论。实习应在规定地点和时间内完成,未经指导教师同意不得擅自改变地点。

(5)团结合作

实行组长负责制,组员应服从工作安排。实习中出现有关问题应及时向各班指导老师报告。在实习中组员应加强团结协作精神,互相帮助,共同提高。

实习仪器按实习分组凭组长或组员的学生证或其他有效证件在实验中心(室)办理所用仪器、工具的借用手续。实习结束后,做好仪器清理、清洁工作,按约定时间到实验中心(室)归还仪器和工具,办理归还手续。

4.1.4　实习中仪器的正确使用与维护

一般来说,测量仪器都是较为贵重的设备,现代的测量仪器随着电子化、自动化、集成化水平的提高更是价格昂贵。测量仪器的正确使用、保养与维护,既是取得合格测量成果、发挥仪器性能和延长使用寿命的必要条件,也是测量工作者应该具备的基本素质。因此,在测量实习中应严格遵守执行相关注意事项,养成良好的习惯。仪器借用须知和使用注意事项详见第 3 章的 3.1 节。

4.1.5　集中实习地点

(1)外业数据采集地点

①精密水准测量外业观测在校区内或学校附近进行,各组独自构成闭合环线。为了仪器安全,除必须到水准路线经过的校区外街道上作业外,熟悉仪器、仪器检验、试测练习等环节一般在校园内或外界干扰相对较少的地方进行。

②精密导线测量外业观测在校区内或学校附近进行,除已知点外,导线点选点时应避开人流、车流多的十字路口等地方。

③在 GPS 实习中,网的布设范围相对大些,GPS 选点较为灵活,可避开人流、车流多的地点,主要考虑 GPS 信号的接收和仪器的安全。

④因实习学生人数较多,可能存在几种不同类型实习同时进行的情况,应注意不同组间的协调,避免相互干扰。

⑤如果可能的话,也可选择到学校以外的地方(如实习基地、生产单位)进行实习。

(2)内业数据处理地点

①内业计算与成果整理在院(系)专供本科生使用的计算机机房进行;

②计算机应分配到组,计算机机房(室)根据学生实习人数按组编号分配计算机到各实习小组;

③进入机房应登记,实习中不得做与本实习无关的事情。

4.1.6　集中实习主要内容与时间分配

(1)主要内容

大地测量集中实习主要包括:

①精密水准测量

②精密导线测量

③GPS 测量

④测量控制数据处理

其各专项实习的目的要求、借用仪器、任务量、观测方法、数据计算、上交资料等将分节介绍。实习中做到理论与实际相结合、外业与内业相结合、动脑与动手相结合,使学生熟悉和掌握整个测量过程。

(2)时间分配

按 4 周时间进行分配,集中实习的安排见表 4-1。

表 4-1　　　　　　　　　集中实习具体内容与时间分配

周次	天数	实习内容	具体工作安排
第一周	第1天	准备工作,水准测量的选点踏勘	实习动员,讲课,领用物品,借用并熟悉水准仪,学习本教程有关水准测量部分内容,沿实习的水准路线选点踏勘。
	第2天	水准仪、标尺检验	水准仪、水准标尺的检验,试测练习。
	第3~5天	精密水准测量外业	每个学生轮流进行观测、记录、扶尺、量距、打伞等工作。
	第6~7天	精密水准测量内业	做水准点之记,外业观测数据检查,内业计算,整理成果等。
第二周	第1天	准备工作,导线测量的选点踏勘	领用物品,借用全站仪等工具,学习本教程有关导线测量这部分内容,导线的实地选点。
	第2天	熟悉仪器	全站仪的检视、熟悉与试测练习。
	第3~5天	精密导线测量外业	导线测量的测角与测距,每个学生轮流进行观测、记录、棱镜置守、打伞等工作。
	第6~7天	精密导线测量内业	做三角点之记,外业观测数据检查,内业计算,整理成果等。
第三周	第1天	准备工作,GPS测量的选点踏勘	领用物品,借用GPS仪器,学习本教程有关GPS测量部分内容,GPS的实地选点。
	第2天	熟悉仪器参数设置	熟悉GPS仪器及有关参数设置。
	第3~5天	GPS静态测量外业	以小组为单位进行GPS外业观测。
	第6~7天	GPS静态测量内业	做GPS点之记,GPS基线解算,GPS网平差计算,整理成果等。
第四周	第1天	测量控制网技术设计	室内讲课,学生学习相关规范。
	第2~3天	控制网数据处理	学生在机房进行控制网平差计算。
	第4天	撰写总结	撰写实习总结报告。
	第5天	上交成果、成绩考评	上交实习成果,进行实习成绩考评等。

注:表4-1中规定的内容和时间分配,供实习时参考。每次实习内容可根据本教程,并结合教学计划的总实习周数等实际情况适当调整;完成时间各组可根据天气状况、仪器种类和数量等实际情况在保证完成实习任务的前提下灵活掌握,但应服从实习的整体安排。

4.2　精密水准测量

4.2.1　目的要求

通过完成水准测量的选点、水准路线选定、点之记填写、水准仪和标尺的有关检验以及进行1~2个水准闭合环的二等水准测量,使学生了解水准测量的全过程,掌握精密水准仪和标尺的主要检验方法和精密水准测量的观测程序、记录计算和高差计算等工作,以提高学生的实际动手能力。

4.2.2　仪器借用与物品领取

在实验中心(室)借用仪器时每组带一个学生证或其他有效证件。

每组借用仪器:精密光学或数字水准仪及脚架1套(各组借用何种类型的仪器视学生人数、实验中心(室)仪器数量而定),配套的水准标尺2根,尺垫2个,测绳1根,背包1个,记录板 1 个,测伞 1 把,竹杆 4 根(扶尺用)。

因仪器种类、数量原因,为锻炼学生使用各种不同类型水准仪的能力,水准外业观测工作量大约完成一半时可安排使用光学或数字水准仪的小组交换仪器,各组交换仪器在指导教师的主持下进行。在仪器交换时,应特别注意仪器情况检查,有问题及时报告教师。

每组领用物品:一、二水准测量观测手簿 2 本,i 角测定表格,水准点之记表格,一对水准标尺零点差及基辅差常数的测定表格,自备 2H、3H 铅笔、小刀等。

4.2.3　执行规范

《国家一、二等水准测量规范》,中华人民共和国国家标准,GB/T 12897-2006。在以下叙述中,一般简称《规范》。

4.2.4　任务量

(1)踏勘测区

在老师带领下了解水准测量的选点工作以及水准路线的选择与确定。

(2)填写水准点点之记

每人完成一个水准点点之记的绘制。

(3)仪器检验

①水准仪检验:全组共同完成水准仪常规检视、水准仪上概略水准器的检校,每人完成 i 角测定成果一份。

②水准标尺检验:全组共同完成水准标尺常规检视、水准标尺上圆水准器的检校,每人完成一对水准标尺零点差及基辅差常数的测定各一份。

(4)水准观测

按二等水准测量的精度要求,每人完成几个测段(包括往返测,精密数字水准仪测量100 站左右、自动安平精密光学水准仪测量 90 站左右、精密光学水准仪测量 80 站左右)的水准测量观测,全组构成 2~3 个闭合环。

每人轮流进行观测、记录、扶尺、量距、打伞等工作,并按各组记录登记。

(5)外业成果的检查计算

每人对自己观测(或记录计算)的成果进行百分之百的检查,并完成外业高差与概略高程表的计算各一份(对于闭合环中自己未观测的测段可用其他组员的观测成果)。

4.2.5　水准路线的确定与选点、埋石

一般来说,对于集中实习,因作业范围相对较小,如在市区或校园内进行,选点与水准路线的确定较为容易。

(1)水准路线的确定

①尽量沿坡度较小的水泥路、土质较硬的大路进行;

②避开土质松软的地段和磁场较强的地段;

③尽量选择通过行人、车辆较少的道路。

(2)选定水准点位

水准路线确定后,应实地选择一些点作为水准点,以构成水准测量的测段和闭合环。

水准点选点时应注意:

①水准点应选在地基稳定、利于高程连测的地方；

②水准点宜选在较为荫蔽、便于标石长期保存的地方。

下列地点一般不宜选定为水准点：

①易受水淹或地下水位较高的地点；

②易发生土崩、滑坡、沉陷、隆起等地面局部变形的地点；

③不坚固或准备拆修的建筑物上；

④短期内将因修建而可能毁掉标石或不便观测的地点；

⑤道路上填方的地段。

（3）水准点位埋设

因作实习用，点位埋设一般已事先埋好，点位可用不锈钢标志，现浇或在水泥地上打孔用环氧树脂固牢。

（4）水准点号编号

《规范》中对一、二等水准测量的路线命名和点号有专门规定，在实习中可根据实际情况来命名和编号。

4.2.6 水准点点之记的绘制

要求每人完成一个水准点的点之记绘制，格式见表4-2。

点之记有关内容填写说明如下：

①路线名称栏填写点位所在路线。

②点名栏填写路线等级名称和编号，利用旧点时在新点名后用圆括号加注原始点名。

③点位详图应在现场绘制，注明点位至主要特征物的方向和距离（方向数不应少于3个）。绘图比例尺可根据实际情况、在易于找到点位的原则下适当变通。

④标石断面图按埋设的实际尺寸填绘。

⑤所在图幅栏填写点位所在的 1：100 000 地形图图幅名称。

⑥经纬度栏填写所在点位实测的经纬度，标注至整秒。

⑦标石类型栏按《规范》中表3填写标石的种类。

⑧标石质料栏填写标志和标石的材料名称。

⑨所在地栏填写点位所处位置的省（自治区或直辖市）至最小行政区划或自然村、街道的名称。

⑩地别土质栏填写植被类别、标石坑底的土质并注明含沙砾的百分比。

⑪交通路线栏填写格式为：自（特征物）沿（道路名称）经（道路标识）（方向）行（距离）至（位置）可达本点。其中：

a.特征物指特征比较明显、标记清楚、不易破坏或改建、易于查找和确认的地物，如村碑、纪念碑、加油站、路口、桥头等。填写时应注明特征物的地埋位置。

b.道路名称指自特征物至水准点位通行道路的名称，如街道名称、国（省、县、乡）道名称等。

c.道路标识指行走道路区别于其他道路的明显标识，如街道名称、特殊建筑物、村镇、单位等。

d.方向指行走的方向，如东、东南、南、西南、西、西北、北、东北。

e.距离指特征物至水准点位的距离，标注至 0.1 km。

f.位置指水准点位所处地点的说明,如单位或住户名称、××km 碑+×××m 处。

⑫点位详细说明栏填写点位至主要特征物的方向和距离,方向和距离应与点位详图对应,并注明在点位埋设的方位标、护盘和护井情况。其中:

a.方向指东、东偏南、东南、南偏东、南、南偏西、西南、西偏南、西、西偏北、西北、北偏西、北、北偏东、东北、东偏北等 16 个方向。

b.距离标注至 0.1m。

⑬备注栏填写办理土地占用手续情况及该点位与相邻水准点位的距离和地形(平地、丘陵、山地)。

表 4-2   **水准点点之记格式**

____等水准点点之记

线   点名:

详细位置图			标石断面图		
所在图幅			标石类型		
经纬度			标石质料		
所在地			土地使用者		
地别土质			地下水深度		
交通路线					
点位详细说明					
接管单位			保管人		
选点单位		埋石单位		维修单位	
选点者		埋石者		维修者	
选点日期		埋石日期		维修日期	
备注					

87

4.2.7 水准仪的检视与检验

从实验中心(室)领出水准仪和水准标尺后要进行以下检查与检验。

(1)水准仪的常规检查

①外观。检查各部件是否清洁,有无碰伤、划痕、污点、脱胶、镀膜脱落等现象。

②转动部件。检查转动部件、各转动轴和调整制动螺旋等转动是否灵活、平稳,各部件有无松动、失调、明显晃动,查看螺纹的磨损程度等。

③光学性能。检查望远镜视场像是否明亮、清晰、均匀,调焦性能是否正常等。

若距离100~150m的标尺分划成像模糊,则此望远镜不能使用。

④补偿性能。检查自动安平水准仪的补偿器是否正常,有无粘摆现象。

⑤数字水准仪需增加下列检视:

a.屏幕及各按键的电子功能是否正常;

b.蓄电池与充电设备是否正常;

c.记录卡与输出设备是否正常。

⑥设备部件数目

仪器部件及附件和备用零件是否齐全。

常规检视主要从外观及初级功能上对水准仪作出评价,如发现水准仪存在问题时,应及时向实验中心(室)老师汇报,不能使用应更换仪器。

(2)水准仪上概略水准器的检校

①用脚螺旋将概略水准气泡导致中央,然后旋转仪器180°。此时,若气泡偏离中央,则用水准器改正螺丝改正其偏差的一半,用脚螺旋改正另一半,使气泡回到中央。

②如此反复检校,直到仪器无论转在何方向,气泡中心始终位于中央时为止。

(3)水准仪i角的检校

详见第3章的3.3.3节"视准轴与水准轴相互关系正确性的检验与校正"。

4.2.8 水准标尺的检查与检验

详见第3章的3.3.4节"水准尺零点差与尺常数的检验"。

4.2.9 二等水准测量应遵守的事项

(1)观测方式与时间

①二等水准测量采用单路线往返观测,在各组闭合环内的往返测,一般应使用同一类型的仪器和转点尺承沿同一道路进行(如果仪器交换后例外)。在各组闭合环内根据测段、距离分配到个人观测哪些测段,每个同学进行各自测段的往返测,便于检查或重测。

②在各组闭合环内,先连续进行所有测段的往测(或返测),随后再连续进行返测(或往测)。

③同一测段的往测(或返测)与返测(或往测)应分别在上午与下午进行。在日间气温变化不大的阴天和观测条件较好时,某几个测段的往返测可同在上午或下午进行,但其总站数不应超过各组闭合环总站数的30%。

④二等水准观测,应选用质量不轻于5kg的尺台作转点尺承。

⑤水准观测应在标尺分划线成像清晰而稳定时进行。下列情况不应进行观测:

a.日出后与日落前 30 min 内；

b.太阳中天前后各约 2h 内(可根据地区、季节和气象情况适当增减,最短间歇时间不少于 2h)；

c.标尺分划线的影像跳动剧烈时；

d.气温突变时；

e.风力过大而使标尺与仪器不能稳定时。

(2)视线长度、前后视距差、视线高度限差规定

测站的视线长度(仪器至标尺距离)、前后视距差、视线高度、数字水准仪重复测量次数按表 4-3 的规定执行。

表 4-3   测站限差   单位:米(m)

等级	仪器类别	视线长度		前后视距差		任一测站上前后视距差累积		视线高度		数字水准仪重复测量次数
		光学	数字	光学	数字	光学	数字	光学(下丝读数)	数字	
二等	DSZ1、DS1	≤50	≥3 且 ≤50	≤1.0	≤1.5	≤3.0	≤6.0	≥0.3	≤2.80 且 ≥0.55	≥2 次

注:下丝为近地面的视距丝。几何法数字水准仪视线高度的高端限差一、二等允许到 2.85m,相位法数字水准仪重复测量次数可以为上表中数值减少一次。所有数字水准仪,在地面震动较大时,应随时增加重复测量次数。

(3)其他应注意的事项

①观测前 30 min,应该将仪器置于露天阴影下,使仪器与外界气温趋于一致;设站时,应该用测伞遮蔽阳光;迁站时,应该罩上仪器罩。使用数字水准仪前,还应进行预热,预热不少于 20 次单次测量。

②对于气泡式水准仪,观测前应测出倾斜螺旋的置平零点,并作标记。随着气温变化,应随时调整零点位置。对于自动安平水准仪的圆水准器,应严格置平。

倾斜螺旋置平零点的作用:

a.利用符合水准管校正圆水准器；

b.观测时迅速整平仪器。

确定倾斜螺旋置平零点的步骤:

a.将倾斜螺旋放置在中间位置；

b.将望远镜转到与两个脚螺旋平行的方向上,旋转脚螺旋使符合水准气泡居中(即气泡两端的影像符合)；

c.将望远镜旋转 180°,观察符合水准器的气泡位置,如气泡两端的影像不符合,则用脚螺旋校正其中偏离的一半,再用倾斜螺旋使气泡两端的影像符合；

d.将望远镜旋转 90°,用另一脚螺旋使气泡两端的影像符合。

步骤 b 到 d 反复进行,直到仪器转到任何方向,气泡影像始终基本符合,则表示竖轴已

经垂直。这时可观察圆水准器,如果它的气泡不居中,则表示圆水准器安置不正确,可利用该水准器的校正螺旋将气泡校正到中央即可。

利用零点快速整平仪器:

当符合水准器与竖轴垂直后,应将倾斜螺旋所在的位置(称为置平零点)作个记号(第几周的某一刻度)并记住,以便观测时利用它迅速整平仪器。实际作业时,只要将倾斜螺旋放在此置平零点,用脚螺旋使符合水准器气泡大致符合,即可进行观测。

但应注意,由于温度变化等原因,标准位置常有变化,所以在每半天工作开始前要检核一下,尤其是改动了符合水准器的校正螺旋后,标准位置必须重新确定。

③在连续各测站上安置水准仪的三脚架时,应使其中两脚与水准路线的方向平行,而第三脚轮换置于路线方向的左侧与右侧。

④除路线转弯处外,每一测站上仪器与前后视标尺的三个位置应接近一条直线。

⑤不应为了增加标尺读数,而把尺桩(台)安置在壕坑中。

⑥转动仪器的倾斜螺旋和测微鼓时,其最后旋转方向,均应为旋进。

⑦每一测段的往测与返测,其测站数均应为偶数。由往测转向返测时,两只标尺应互换位置,并应重新整置仪器。

⑧对于数字水准仪,应避免望远镜直接对着太阳;尽量避免视线被遮挡,遮挡不要超过标尺在望远镜中截长的 20%;仪器只能在厂方规定的温度范围内工作;确定震动源造成的震动消失后,才能按启动测量键。

4.2.10 测站观测顺序与方法

(1)光学水准仪观测

①往测时,奇数测站照准标尺分划的顺序为"后-前-前-后",即:

a.后视标尺的基本分划;

b.前视标尺的基本分划;

c.前视标尺的辅助分划;

d.后视标尺的辅助分划。

②往测时,偶数测站照准标尺分划的顺序为"前-后-后-前",即:

a.前视标尺的基本分划;

b.后视标尺的基本分划;

c.后视标尺的辅助分划;

d.前视标尺的辅助分划。

③返测时,奇、偶测站照准标尺的顺序分别与往测偶、奇测站相同。

④测站观测采用光学测微法,一个测站的操作程序如下(以往测奇数测站为例):

a.首先将仪器整平(气泡式水准仪望远镜绕垂直轴旋转时,水准气泡两端影像的分离不得超过 1cm,自动安平水准仪的圆气泡位于指标环中央)。

b.将望远镜对准后视标尺(此时,利用标尺上圆水准器整置标尺垂直),使符合水准器两端的影像近于符合(双摆位自动安平水准仪应置于第 I 摆位)。随后用上下丝照准标尺基本分划进行视距读数。视距第四位数由测微鼓直接读得。然后,使符合水准器气泡准确符合,转动测微鼓,用楔形平分丝精确照准标尺基本分划,并读定标尺基本分划与测微鼓读数(读至测微鼓的最小刻度)。

c.旋转望远镜照准前视标尺,并使符合水准气泡两端影像准确符合(双摆位自动安平水准仪仍在第Ⅰ摆位),用楔形平分丝精确照准标尺基本分划,并读定标尺基本分划与测微鼓读数,然后用上、下丝照准标尺基本分划进行视距读数。

d.用微动螺旋转动望远镜,照准前视标尺的辅助分划,并使符合气泡两端影像准确符合(双摆位自动安平水准仪置于第Ⅱ摆位),用楔形平分丝精确照准并进行标尺辅助分划与测微鼓读数。

e.旋转望远镜,照准后视标尺的辅助分划,并使符合水准气泡的影像准确符合(双摆位自动安平水准仪仍在第Ⅱ摆位),用楔形平分丝精确照准并进行辅助分划,读取测微鼓的读数。

(2)数字水准仪观测

①往、返测奇数站照准标尺顺序为"后-前-前-后",即:

a.后视标尺;

b.前视标尺;

c.前视标尺;

d.后视标尺。

②往、返测偶数站照准标尺顺序为"前-后-后-前",即:

a.前视标尺;

b.后视标尺;

c.后视标尺;

d.前视标尺。

③测站操作程序如下(以往测奇数站为例):

a.首先将仪器整平(望远镜绕垂直轴旋转,圆气泡始终位于指标环中央);

b.将望远镜对准后视标尺(此时标尺应按圆水准器整置于垂直位置),用垂直丝照准条码中央,精确调焦至条码影像清晰,按测量键;

c.显示读数后,旋转望远镜照准前视标尺条码中央,精确调焦至条码影像清晰,按测量键;

d.显示读数后,重新照准前视标尺,按测量键;

e.显示读数后,旋转望远镜照准后视标尺条码中央,精确调焦至条码影像清晰,按测量键显示测站成果。测站结果检核合格后迁站。

4.2.11 测站观测限差与设置

(1)测站观测限差

一测站观测限差应不超过表4-4的规定。

表4-4   观测限差   单位:毫米(mm)

等级	上下丝读数平均值与中丝读数的差		基辅分划读数的差	基辅分划所测高差的差	检测间歇点高差的差
	0.5cm 刻画标尺	1cm 刻画标尺			
一等	1.5	3.0	0.3	0.4	0.7
二等	1.5	3.0	0.4	0.6	1.0

使用双摆位自动安平水准仪观测时,不计算基辅分划读数差。

对于数字水准仪,同一标尺两次读数差不设限差,两次读数所测高差的差执行基辅分划所测高差之差的限差。

测站观测误差超限,在本站发现后可立即重测,若迁站后才检查发现,则应从水准点或间歇点(应经检测符合限差)开始,重新观测。

(2)数字水准仪测段往返起始测站设置

①仪器设置主要有:

— 测量的高程单位和记录到内存的单位为米(m);

— 最小显示位为 0.000 01 m;

— 设置日期格式为实时年、月、日;

— 设置时间格式为实时 24 小时制。

②测站限差参数设置:

— 视距限差的高端和低端;

— 视线高限差的高端和低端;

— 前后视距差限差;

— 前后视距差累积限差;

— 两次读数高差之差限差。

③作业设置:

— 建立作业文件;

— 建立测段名;

— 选择测量模式"aBFFB";

— 输入起始点参考高程;

— 输入点号(点名);

— 输入其他测段信息。

④通信设置:按仪器说明书操作。

4.2.12　成果精度评定、重测和取舍

(1)往返测高差不符值、环闭合差计算

往返测高差不符值、环闭合差和检测高差之差的限差应不超过表 4-5 的规定。

表 4-5　　　　　　　往返测高差不符值、环闭合差和检测高差之差的限差　　　　单位:毫米(mm)

等级	测段、区段、路线往返 测高差不符值	附合路线闭合差	环闭合差	检测已测 测段高差之差
一等	$1.8\sqrt{k}$		$2\sqrt{F}$	$3\sqrt{R}$
二等	$4\sqrt{k}$	$4\sqrt{L}$	$4\sqrt{F}$	$6\sqrt{R}$

注:k—测段、区段或路线长度,单位为千米(km);当测段长度小于 0.1km 时,按 0.1km 计算;

　　L—附合路线长度,单位为千米(km);

　　F—环线长度,单位为千米(km);

　　R—检测测段长度,单位为千米(km)。

①检测已测测段高差之差的限差,对单程检测或往返检测均适用,检测测段长度小于1km时,按1km计算,检测测段两点间距离不宜小于1km。

②水准环线由不同等级路线构成时,环线闭合差的限差,应按各等级路线长度及其限差分别计算,然后取其平方和的平方根为限差。

③当连续若干测段的往返测高差不符值保持同一符号且大于不符值限差的20%时,则在以后各测段的观测中,除酌量缩短视线外,还应加强仪器隔热和防止尺桩(台)位移等措施。

(2)成果的重测和取舍

①测段往返测高差不符值超限,应先就可靠程度较小的往测或返测进行整测段重测,并按下列原则取舍:

a.若重测的高差与同方向原测高差的不符值超过往返测高差不符值的限差,但与另一单程高差的不符值不超出限差,则取用重测结果。

b.若同方向两高差不符值未超出限差,且其中数与另一单程高差的不符值亦不超出限差,则取同方向中数作为该单程的高差。

c.若 a 中的重测高差(或 b 中两同方向高差中数)与另一单程的高差不符值超出限差,应重测另一单程。

d.若超限测段经过两次或多次重测后,出现同向观测结果靠近而异向观测结果间不符值超限的分群现象时,如果同方向高差不符值小于限差的一半,则取原测的往返高差中数作往测结果,否则取重测的往返高差中数作为返测结果。

②区段、路线往返测高差不符值超限时,应就往返测高差不符值与区段(路线)不符值同符号中较大的测段进行重测,若重测后仍超出限差,则应重测其他测段。

③符合路线和环线闭合差超限时,应就路线上可靠程度较小(往返测高差不符值较大或观测条件较差)的某些测段进行重测,如果重测后仍超出限差,则应重测其他测段。

④每千米水准测量的偶然中误差 M_Δ 超出限差时,应分析原因,重测有关测段或路线。

4.2.13 外业成果的记录、整理与计算

(1)记录方式与要求

①记录方式。水准测量的外业成果,按记录载体分为电子记录和手簿记录两种方式。在实习中,为了使学生得到锻炼,同时采用电子记录和手簿记录两种方式。

电子记录参照电子水准仪的说明书。

②记录项目。

a.每测段的始、末,工作间歇的前后及观测中气候变化时,应记录观测日期、时间(北京时)、大气温度(仪器高度处温度)、标尺温度、天气、云量(按十级制,即肉眼所见云彩遮蔽天空面积的十分之几,则为几级云量)、成像、太阳方向(按太阳对于路线前进方向的 8 个方位:前方、前右、右方、右后、后方、左后、左方、前左)、道路土质、风向及风力(风向按风吹来的方向对于路线前进方向的 8 个方位:前方、前右、右方、右后、后方、左后、左方、前左记录,风力按《规范》附录 D 中的 D.4 风级表记录)。

b.使用光学水准仪时,每测站应记录上、下丝在前后标尺的读数,楔形平分丝在前后标尺基、辅分划面的读数。使用数字水准仪时,每测站应记录前后标尺距离和视线高读数。每五个测站记录一次标尺温度,读至 0.1℃。

③手簿记录要求。

a.一切外业观测值和记事项目,应在现场直接记录。

b.手簿一律用铅笔填写,记录的文字与数字力求清晰、整洁,不得潦草模糊。手簿中任何原始记录不得涂擦,对原始记录有错误的数字与文字,应仔细核对后以单线画去,在其上方填写更正的数字与文字,并在备考栏内注明原因。对于作废的记录,亦用单线画去,并注明原因及重测结果记于何处,重测记录应加注"重测"二字。手簿记录格式见表4-6。

表4-6   二等水准测量记录手簿

往测自 Ⅰ宜柳2 至 Ⅰ宜柳3   2000 年 5 月 5 日

时刻始 7 时 05 分   末___时___分   成像 清晰

温 度 24.5℃   云量 3   风向风速 右后 2 级

天 气 少云   道路土质 柏油路坚实   太阳方向 左

测站编号	后尺 上丝 下丝	前尺 上丝 下丝	方向及尺号	标尺读数		基加K减辅(一减二)	备考
	后距	前距		基本分划	辅助分划		
	视距差 d						
1	(1)	(5)	后	(3)	(8)	(13)	后前前后记录顺序
	(2)	(6)	前	(4)	(7)	(14)	
	(9)	(10)	后—前	(17)	(18)	(15)	
	(11)	(12)	h	(19)			
2	2 406	1 809	后	219.83	521.38	0	标尺温度20.0℃
	1 986	1 391	前	160.06	461.63	−2	
	42.0	41.8	后—前	059.77	059.75	+2	
	+0.2	+0.2	h	+059.76			
3			后				
			前				
			后—前				
			h				
4			后				
			前				
			后—前				
			h				
5			后				
			前				
			后—前				
			h	(以下各站格式相同)			

测站编号	后尺	上丝 下丝	前尺	上丝 下丝	方向及尺号	标尺读数		基加 K 减辅（一减二）	备考
	后距		前距			基本分划	辅助分划		
	视距差 d								
测段计算	D往				后	h往			
	D返				前	h返			
	D中				后—前	h中			
					h	W = <±			

c.二等水准测量记录和计算的小数取位按照表 4-7 的规定执行。

表 4-7 　　　　　　　　　　　　　　　水准测量记录计算小数取位

等级	往（返）测距离总和/km	测段距离中数/km	各测站高差/mm	往（返）测高差总和/mm	测段高差中数/mm	水准点高程/mm
一等	0.01	0.1	0.01	0.01	0.1	1
二等	0.01	0.1	0.01	0.01	0.1	1

④观测记录的整理和检查。每天的观测工作结束后应及时整理和检查外业观测手簿，检查手簿中所有计算是否正确，观测成果是否满足各项限差要求。确认观测成果全部符合限差要求后，方可进行外业计算。

（2）外业计算

①水准测量外业计算的项目。

a.外业手簿的计算；

b.外业高差和概略高程表的编算；

c.每千米水准测量偶然中误差的计算；

d.附合路线与环线闭合差的计算；

e.每千米水准测量全中误差的计算。

②外业高差和概略高程表的编算，本次实习观测的外业高差应加入下列改正。

a.水准标尺长度改正；

b.水准标尺温度改正；

c.正常水准面不平行的改正；

d.环线闭合差的改正。

③对每个测段的水准测量成果，应进行往返测高差不符值计算，并根据全组所有测段计算每千米水准测量的偶然中误差 M_Δ，二等水准测量 M_Δ 应小于 ±1.0mm。

每千米水准测量的偶然中误差 M_Δ 按式（4.1）计算：

$$M_\Delta = \pm\sqrt{\left[\Delta\Delta/R\right]/(4 \cdot n)} \tag{4.1}$$

式中：

Δ 为测段往返测高差不符值，单位为毫米(mm)；

R 为测段长度，单位为千米(km)；

n 为测段数。

④按照规范，每完成一条附合路线或闭合环线的测量，应对观测高差前述各项改正后，再计算附合路线或环线的闭合差，并应符合表4-5的规定，当构成水准网的水准环超过20个时，还需按环线闭合差 W 计算每千米水准测量的全中误差 M_W。二等水准测量 M_W 应小于±2.0mm。

每千米水准测量的全中误差 M_W 按式(4.2)计算：

$$M_W = \pm\sqrt{[WW/F]/N} \tag{4.2}$$

式中：

W 为经过各项改正后的水准环闭合差，单位为毫米(mm)；

F 为水准环线周长，单位为千米(km)；

N 为水准环数。

因实习中闭合环太少，可不进行 M_W 的计算。

4.2.14 水准测量外业高差改正数计算

一般而言，水准测量需计算以下改正数：

(1)水准标尺长度改正

①在水准测量中，应依据水准标尺长度计量部门提供的检定结果加以改正。若出测前与收测后水准标尺每名义米长的变化不大于 $30\mu m$，则取它们的平均值进行改正；若变化超过 $30\mu m$，应分析变化原因，决定是否重测或如何进行改正。

在集中实习时，如水准标尺有长度改正检定结果，则使用检定结果；如标尺未经检定，则由指导教师给出一个结果(注意标尺名义米长偏差应小于 $100\mu m$，且不应太大)供学生改正时用，目的是让学生对此有一个了解。

②计算改正数的方法。

水准测量测前、测后两次检定标尺长度与改正系数计算如表4-8所示。

表4-8 　　　　　　　　　　　　水准标尺名义米长改正系数计算 　　　　　　　　单位:毫米(mm)

测定日期		一副标尺名义米长		一副标尺名义米长	标尺改正系数 f=名义米长-1000
		尺号 No.50151	尺号 No.50152		
测前	1979.4.26	1 000. 005	1 000. 010	1 000. 008	
测后	1979.9.30	1 000. 009	1 000. 020	1 000. 014	
中数		1 000. 007	1 000. 015	1 000. 011	+0.011

③一测段高差改正数 δ 由式(4.3)计算：

$$\delta = f \cdot h \tag{4.3}$$

式中:

h 为往测或返测高差值,单位为米(m);

f 为标尺改正系数,单位为毫米每米(mm/m)。

(2)水准标尺温度改正

一测段高差改正数∂由下式计算:

$$\partial = \sum \left[(t - t_0) \cdot \alpha \cdot h \right] \tag{4.4}$$

式中:

t 为标尺温度,单位为摄氏度(℃);

t_0 为标尺长度检定温度,单位为摄氏度(℃);

α 为标尺因瓦带膨胀系数,单位为毫米每米摄氏度(mm/(m·℃));

h 为测温时段中的测站高差,单位为米(m)。

如标尺经过检定,则按检定结果改正,否则可不进行此项改正。

(3)正常水准面不平行改正

一测段高差改正数 ε 由式(4.5)计算:

$$\varepsilon = -(\gamma_{i+1} - \gamma_i) \cdot H_m / \gamma_m \tag{4.5}$$

式中:

γ_m 为两水准点正常重力平均值,精度为 10^{-5}m/s^2,依式(4.6)计算;

γ_{i+1}、γ_i 分别为 i 点、$i+1$ 点椭球面上的正常重力值,精度为 10^{-5}m/s^2,依式(4.7)计算;

H_m 为两水准点概略高程平均值,单位为米(m)。

$$\gamma_m = (\gamma_i + \gamma_{i+1}) / 2 - 0.154\ 3H_m \tag{4.6}$$

$$\gamma = 978\ 032(1 + 0.005\ 302\sin^2\phi - 0.000\ 005\ 8\sin^2 2\phi) \tag{4.7}$$

式中:

ϕ 为水准点纬度;

γ 值取至 $0.01 \times 10^{-5} \text{m/s}^2$。

(4)重力异常改正

一测段高差的改正数 λ 由式(4.8)计算:

$$\lambda = (g - \gamma)_m \cdot h / \gamma_m \tag{4.8}$$

式中:

γ_m 为按式(4.9)算出的正常重力平均值,精度为 10^{-5}m/s^2;

$(g-\gamma)_m$ 为两水准点空间重力异常平均值,精度为 10^{-5}m/s^2;

h 为测段观测高差,单位为米(m)。

①水准点的布格异常$(g-\gamma)_布$从相应的数据库检索,取值至 $0.1 \times 10^{-5} \text{m/s}^2$。

②水准点空间重力异常$(g-\gamma)_空$由式(4.9)计算:

$$(g-\gamma)_空 = (g-\gamma)_布 + 0.111\ 9H \tag{4.9}$$

式中:

H 为水准点概略高程,单位为米(m)。

ε、γ 计算示例见表4-9。

因集中实习的测段距离较短,高差也不大,可不进行此项改正。

表 4-9 二等水准测正常水准面不平行、重力异常改正数计算

计算者：
对算者：
检查者：

路线名称：Ⅱ五平线　施测单位：国家测绘局第一大地测量队　施测年代：1999

测段编号	水准点编号	纬度 ° ′	布格异常 $(g-\gamma)_{布}$ 10^{-5}m/s²	正常重力值 γ 10^{-5}m/s²	观测高差中数	近似高程	层间改正 0.1119H 10^{-5}m/s²	空间异常 $(g-\gamma)_{空}$ 10^{-5}m/s²	正常水准面不平行改正 ε mm	重力异常改正 λ mm
1	Ⅱ构五27基上	38 35.6	−152.8	980044.31	−0.6479	1300.1	145.5	−7.3	5.20	0.04
2	Ⅱ五平1	38 32.9	−151.7	040.31	101.1272	1299.4	145.4	−6.3	4.91	0.03
3	Ⅱ五平2	38 30.5	−153.0	036.80	6.2970	1400.6	156.7	3.7	3.62	0.42
4	Ⅱ五平3	38 28.7	−153.2	034.21	64.5640	1406.9	157.4	4.2	2.94	0.04
5	Ⅱ五平4	38 27.3	−152.8	032.12	20.0484	1342.3	150.2	−2.6	3.93	0.22
6	Ⅱ五平5	38 25.4	−152.8	029.31	17.5963	1322.3	148.0	−4.8	2.54	0.14
7	Ⅱ五平6	38 24.1	−153.0	027.41	16.7628	1304.7	146.0	−7.0	4.92	0.13
8	Ⅱ五平7	38 21.6	−151.9	023.70	20.7822	1287.9	144.1	−7.8	3.61	0.11
9	Ⅱ五平8	38 19.7	−150.7	020.90	−4.2972	1267.1	141.8	−8.9	4.02	0.22
10	Ⅱ五平9	38 17.6	−150.5	017.80	13.1318	1262.8	141.3	−9.2	4.7	0.04
11	Ⅱ五平10	38 15.1	−150.2	014.22	−2.8509	1249.7	139.8	−10.4	4.1	0.14
12	Ⅱ五平11基上	38 12.8	−151.0	010.90		1246.9	139.5	−11.5		

（5）水准路线闭合差的改正

若水准路线构成独立环线，或为闭合于两个已知高程的水准点之间的单一路线，则此路线的闭合差 W 应按测段的测站数 n 成比例分配于各测段高差中，按式（4.10）计算高差改

正数 v_i：

$$v_i = -\frac{n_i}{n} \cdot W \tag{4.10}$$

式中：

W 为已施加前述各项改正后的闭合差，单位为毫米（mm）；

n_i 为第 i 测段的测站数。

（6）水准测量外业高差与概略高程表

最后应进行外业高差与概略高程表的编制，具体格式见《规范》中表 $D.3$ 所示。

4.2.15 水准测量上交成果资料

水准测量部分实习结束后，应上交以下成果资料：

①水准测量观测手簿；

②测段高差计算（每人一份）；

③ i 角测定成果和一对水准标尺零点差及基辅差常数的测定成果（每人一份）；

④水准点点之记（每人一份）；

⑤水准测量外业高差及概略高程表（每人一份）；

⑥水准测量每日日程安排及工作量完成情况登记表（每组一份）。

4.3 精密导线测量

4.3.1 目的要求

通过完成三、四导线测量的选点，三角（导线）点点之记填写，全站仪的有关检视检验，以及全组进行 15 个点左右（每人完成 2~3 个点）的附合或闭合导线测量，使学生了解导线测量的全过程，掌握精密导线测量的观测程序、记录计算和平差计算等方法。

4.3.2 仪器借用与物品领取

仪器在实验中心（室）借用，借仪器时每组带一个学生证或其他有效证件。

每组借用仪器：

精密全站仪 1 套（含电池、充电器等。各组借用何种类型的仪器视学生人数、实验中心（室）仪器数量而定：测角为 DJ1 或 DJ2，测距为Ⅰ或Ⅱ级），脚架 3 个，棱镜（带觇牌）及配套的基座 2 套，背包 1 个，记录板 1 个，测伞 1 把，温度计及气压表各 1 支。

每组领用物品：

方向观测手簿 2 本，距离测量手簿 1 本，三角点之记表格，自备 2H、3H 铅笔、小刀等。

4.3.3 执行规范

①《三、四等导线测量规范》，中华人民共和国测绘行业标准，CH/T 2007-2001。在以下叙述中，一般简称《规范》。

②《国家三角测量规范》，中华人民共和国国家标准，GB/T 17942-2000。

4.3.4 任务量

①踏勘测区:在老师带领下了解导线测量的选点工作。

②填写三角(导线)点点之记:每人完成一个三角点点之记的绘制。

③仪器检验:全组共同完成全站仪常规检视。

④水平角和距离观测:每人完成几个测站的方向(角度)、距离观测,全组构成2~3个附合或闭合导线。每人轮流进行观测、记录、镜站置守、打伞等工作,并按各组记录登记。

⑤外业成果的检查计算:每人对自己观测(或记录计算)的成果进行百分之百的检查,并计算方位闭合差,用专用软件进行导线网平差。

4.3.5 导线测量选点、埋石

本次实习如果条件许可,最好在一个组内,做到导线点和水准点全部或部分共点。注意导线点要求相邻点通视,而水准点间不需要通视。

(1)导线点选点基本要求

①导线点应选点位稳定、通视良好、便于观测、易于使用、利于保存的点位。

②导线边须适合测距。应避开大面积水域、强电磁场等条件,视线应距障碍物1.5m以上。

③导线边须适合测角,没有明显旁折光影响。

④导线边两端点的高差不宜过大。《规范》规定,若两端点的高差是用对向三角高程方法测定,则高差的限差应符合式(4.11)的要求。

$$h \leqslant \frac{8S}{T} \times 10^3 \tag{4.11}$$

式中:

h 为导线边两端点的高差,单位为米(m);

S 为实测边长,单位为米(m);

T 为该等级导线边长相对中误差的分母数值。

若导线边两端点的高差采用等级水准测量测定,则高差大小不受限制。本次实习可不考虑此项要求。

(2)导线点编号

导线点和水准点编号规则是不一样的,在实习中可根据实际情况使两者统一,便于成果的处理。

(3)导线点埋石

导线点选好后,应进行标石埋设,标志用不锈钢或钢筋均可,顶部锯成"十"形刻画。

4.3.6 三角(导线)点点之记的绘制

要求每人完成一个三角(导线)点点之记的绘制,格式见表4-10。

表 4-10　　　　　　　　　　**三角(导线)点点之记格式**　　　　　　　　所在图幅：

　　　　　　　　　　　　　　　等三角(导线)点点之记　　　　　　　　　　(1:100000)

区(锁)　　　　　　　　　　　　　　　　　　　　　　　　点　号：

点　名		概略经度		本点位置说明及交通情况	
		概略纬度			
地　类		概略高程			
土　质		水层深度			
冻结深度		解冻深度			
所在地					
最近水源及里程					
最近住所及里程			点 位 略 图		
本点的有关方向					

选点员对埋石工作的要求				实造觇标高度	实埋标石断面图
觇标类型	标石类型	觇标必须高度		类型：	
		基板	圆筒	圆筒上沿：	
与旧点重合情况	旧点点名：			标尖：	
	旧点所属锁网及等级：			回光台：	
	施测单位：			基板：	
	测定年代：				
	觇标及标石规格,可否利用或修复：			均由上标石面量起	

本点( )测支线水准	便于联测的水准路线和点号：	联测方法：
本点( )天文点	本点向导：	

选 点	作业单位		造标埋石	作业单位	
	姓　名			姓　名	
	时　间			时　间	
备注					

队检查者：＿＿＿＿＿＿＿＿　　　　　　　　　　　　检查者：＿＿＿＿＿＿＿＿

101

4.3.7 水平角度测量

（1）观测前的准备工作：

①用脚架观测，应根据地面土质情况，采用有效措施，确保脚架稳固；

②整置仪器，确定应观测的方向，检查视线是否符合要求；

③如用光学经纬仪时，应预先编制观测度盘表；

④使用全站仪观测时，确认仪器工作状态并预置参数；

⑤采用电子记簿时，检查电子记录器或存储卡是否工作正常，按规定输入必要的测站和观测信息。

（2）水平角观测的技术要求应符合表4-11的规定。

表 4-11　　　　　　　　　　　　水平角观测的技术要求

项　　目	限　差 DJ1 (″)	限　差 DJ2 (″)
光学测微器两次重合读数差	1	3
半测回归零差	6	8
一测回内 2C 互差	9	13
化归同一起始方向后同一方向值各测回互差	6	9

（3）当导线点上方向数超过两个时，应采用方向观测法进行观测，其操作程序及有关技术要求应符合 GB/T17942《国家三角测量规范》的有关规定。

（4）当导线点上只有两个方向时，应以奇数测回和偶数测回分别观测导线前进方向的左角和右角，观测右角时仍以左角起始方向为准变换度盘位置，左、右角分别取中数后，按 [左角]$_中$+[右角]$_中$-360°=Δ 计算闭合差值，对于三等导线应不超过±3.5″，四等导线不超过±5.0″。

（5）各测回间应将度盘位置变换 σ 角，全站仪可不配置度盘。

$$DJ1 \text{ 型}: \sigma = \frac{180°}{m} + 4'; DJ2 \text{ 型}: \sigma = \frac{180°}{m} + 10' \qquad (4.12)$$

m 为测回数。

（6）水平角观测时，应调好仪器望远镜的焦距，在一测回内应保持不变。在观测过程中，水准气泡应保持居中，其中心位置偏离整置中心不得超过1格。若接近限度时，应在测回间重新整置仪器。若两倍视准差（2C）的绝对值 DJ1 型仪器大于 20″、DJ2 型仪器大于 30″时，应在测回间进行视轴校正。

（7）使用全站仪观测时，其操作程序及技术要求与光学经纬仪相同。全站仪预置的自动改正参数不得作为改正参数使用。

（8）成果的重测和取舍：

①凡超出规范规定限差的结果,均应进行重测。因对错度盘、测错方向、读记错误或因中途发现观测条件不佳等原因而放弃的测回,重新观测时不算重测。

②因测回互差超限而重测时,除明显孤值外,原则上应重测观测结果中值最大和最小的测回。

③在一个测站上,采用方向观测法时,基本测回重测的方向测回数,超过全部方向测回总数的1/3时,整份成果应重测。

④方向观测测回中,重测方向数超过所测方向总数的1/3时,此测回须全部重测。

⑤方向观测重测时,只须联测零方向。

⑥观测的基本测回结果和重测结果应一律记录,重测与基本测回结果不取中数,每一测回只采用一个符合限差的结果。

⑦导线附合条件超限时,应认真分析,选取有关测站整站重测。

4.3.8　距离测量

(1)距离测量的技术要求见表4-12。

表 4-12　　　　　　　　　　　　　　　　距离测量的技术要求

项　　目	三　等		四　等	
	Ⅰ	Ⅱ	Ⅰ	Ⅱ
使用测距仪的等级				
每条边观测的总测回数	8	8	4	8
每条边观测时段数	往返测各一时段或同方向两时段		往返测各一时段或同方向两时段	
一测回(照准一次目标,读数若干次)读数次数				
一测回读数间最大互差(mm)	5	10	5	10
同一时段经气象改正后各测回中数间的最大互差(mm)	7	15	7	15
往返测或不同时段测距中数的最大互差	$\sqrt{2}(a+b\cdot D\cdot 10^{-6})$		$\sqrt{2}(a+b\cdot D\cdot 10^{-6})$	

注:a、b 为测距仪标称精度中的固定误差和比例误差系数;

　　D 为斜距观测值。

(2)气象元素的测定

①距离测量使用的温度表和气压表,应为测距仪检定时使用的仪表。

②测距作业前 10 分钟,应预先打开温度表和气压表。通风温度表应悬挂在与仪器同高、不受阳光直射且通风良好的位置,空盒气压表平置于阴影下的通风处。

③每条边观测前后,应在测距边两端测定大气温度和气压数据。取两端平均值进行气象改正。

④气象数据的取位要求应符合表 4-13 的规定。

表 4-13　　　　　　　　　　　　　　　　气象数据取位要求

项　　目	大气温度 ℃	大 气 压 力	
		气压(hPa)	气压表温度(℃)
最小读数	0.2	0.5 或 0.5mmHg	0.5
计算值	0.1	0.1	--

注:mmHg 为现行国家法定计量单位中应废除的单位,1mmHg = 133.3224Pa。

(3)距离测量的作业要求

①作业开始前,应使测距仪适应外界温度。测量时,测距仪信号指示针在回光强度的 30%~80% 范围内,方可进行作业。应严格按照仪器使用说明书中的规定操作仪器。

②晴天作业时,须用测伞为测距仪遮蔽阳光,严禁将照准头对向太阳。

③当测距仪顺日光方向照准棱镜,而太阳方向与测线交角小于 30°时,也须用测伞为棱镜遮光。应避免另外的反光物体位于测线或测线延长线上。

④架设仪器后,测站、镜站不准离人;测距时,应暂停无线电通话。

(4)超限处理

①凡超出表 4-13 中限差的观测值,均须重新观测。当一测回中读数较差超限时,可重测两个读数,去掉最大和最小的观测值后,若不超出限差则采用;仍超限,则重测该测回。

②当测回间较差超限时,可重测两个测回,去掉最大和最小的测回中数后,若不超出限差则采用;若仍超限,则重测该条边的全部成果。

③往、返测或不同时段的观测值较差超限时,应分析原因,重测可靠性差的单方向距离。若仍超限,则重测另一方的距离。

④重测后,作废的观测值应用单线画去,并注明原因和成果取舍方法。

(5)距离计算与精度评定

①观测的斜距需经过下列修正和改算后,才能得到导线边长。

a.气象修正

测距边长气象修正值按式(4.13)计算:

$$\Delta D_n = (n_0 - n)S \cdot 10^{-6} \tag{4.13}$$

式中:ΔD_n 为边长的气象修正,单位为米(m);

S 为观测距离,单位为米(m);

n_0 为在测距仪气象参考点的群折射率,参见 GB/T16818—1997《中、短程光电测距规范》7.1.1 条;

n 为作业条件下的群折射率。

在全站仪的使用说明书中均给出了具体计算公式,根据测得的气象元素就可计算求得各项目值。

b.加常数和乘常数修正

测距仪常数修正值按式(4.14)计算:

$$\Delta D_K = R \cdot S + C \tag{4.14}$$

式中:R 为测距仪乘常数,单位为毫米每千米(mm/km);

　　C 为测距仪加常数,单位为毫米(mm);

　　S 为观测距离,单位为千米(km)。

　　对于以上两种改正,有的全站仪可按实测的气象元素和给定值,输入仪器后自动改正。

c.周期误差修正

周期误差修正值按式(4.15)计算:

$$\Delta D_A = A \cdot \sin \left[\Phi_0 + \left(\frac{2S}{\lambda} \right) \cdot 360° \right] \tag{4.15}$$

式中:A 为测距仪周期误差振幅,单位为毫米(mm);

　　Φ_0 为测距仪周期误差初相角,单位为度(°);

　　λ 为测距仪精测调制波长,单位为米(m);

　　S 为观测距离,单位为米(m)。

d.斜距化为水平距离的计算

斜距化为水平距离按式(4.16)计算:

$$D = S \cdot \cos(\alpha + f) \tag{4.16}$$

式中:D 为测距边水平距离,单位为米(m);

　　S 为经过气象、常数和周期误差修正后的斜距,单位为米(m);

　　α 为两端点间的垂直角,单位为度分秒(°′″)。

　　f 为地球曲率和大气折光对垂直角的修正值。f 值按(4.17)式计算:

$$f = (l-k) \frac{S^2}{2R} \cdot \rho'' \tag{4.17}$$

式中:k 为当地大气垂直折光系数;

　　R 为地球平均曲率半径,单位为米(m);

　　S 为经过气象、常数和周期改正后的斜距,单位为米(m)。

　　当地面倾角超过 3°(对于三等导线)或 5°(对于四等导线)时,应用观测高差按式(4.18)化为平距。

$$D = S^2 - h^2 \tag{4.18}$$

式中:S 为经过气象、常数和周期误差改正后的斜距,单位为米(m);

　　h 为两端点间高差,用不低于四等水准的精度测定,单位为米(m)。

e.水平距离投影到参考椭球面的边长计算

　　测距边水平距离投影到参考椭球面的长度按式(4.19)计算:

$$D_0 = D \left[1 - \frac{H_m + h_m}{R_A} + \frac{(H_m + h_m)^2}{R_A^2} \right] \tag{4.19}$$

式中:D 为加入倾斜改正后的水平距离,单位为米(m);

　　H_m 为测距边高出大地水准面的平均高程,单位为米(m);

　　h_m 为大地水准面差距,单位为米(m);

　　R 为测距边方向上参考椭球面法截弧的曲率半径,单位为米(m)。

f.参考椭球面上的边长归算到高斯平面的边长

参考椭面上的边长归算到高斯平面上的边长,按式(4.20)计算:

$$D_9 = D_0 \left[1 + \frac{y_m^2}{2R_m^2} + \frac{(\Delta y)^2}{24R_m^2} \right] \tag{4.20}$$

式中:D_0 为参考椭球面上的边长,单位为米(m);

y_m 为测距边两端点近似横坐标的平均值,单位为米(m);

Δy 为测距边两端点近似横坐标增量,单位为米(m);

R_m 为参考椭球面在测距边中心处的平均曲率半径,单位为米(m)。

g.水平距离归算到平均高程面上的边长

测距边水平距离归算到测区平均高程面上的长度,按式(4.21)计算:

$$D_m = D[1 - H_m/(R_A + H)] \tag{4.21}$$

式中:D 为测距边水平距离,单位为米(m);

H_m 为测距边平均高程面与测区平均高程面的高差,单位为米(m)(当测距边平均高程面高于测区平均高程面时,H_m 为正值;低时,H_m 为负值);

R_A 为测距边方向上法截弧的曲率半径,单位为米(m);

H 为测区平均高程,单位为米(m)。

②边长的精度评定。

a.一次测量距离的中误差计算:

$$m_0 = \pm\sqrt{\frac{[dd]}{2n}} \tag{4.22}$$

式中:d 为化算至同一高程面的往返(或两次)水平距离之差,单位为毫米(mm);

n 为往、返距离差值的个数。

b.对向观测(或两次)平均值的中误差计算:

$$M = \pm m_0/\sqrt{2} \tag{4.23}$$

式中:m_0 为一次测量距离的中误差,单位为毫米(mm);

c.边长相对中误差计算:

$$M/D = 1/(D/M) \tag{4.24}$$

式中:D 为各测距边水平距离平均值;

M 为对向观测平均值的中误差。

4.3.9 导线测量需上交的成果资料

导线测量部分实习结束后,应上交以下成果资料:

①角度测量和距离测量观测手簿;

②导线点点之记(每人一份);

③边长计算结果(含导线网图)(每人一份);

④导线测量每日日程安排及工作量完成情况登记表(每组一份)。

4.4 GPS 测量

GPS 实习主要内容有:GPS 静态测量及数据处理、GPS 动态测量和放样以及绘制地形图。

4.4.1 目的要求

通过 GPS 网的布设、外业数据采集、内业数据处理、GPS 动态测量和放样以及绘制地形图等实践环节,把 GPS 测量的知识综合应用于实际工作或工程设计和操作中,认识和掌握利用 GPS 高新技术完成控制测量、地形测量、工程设计和放样、地形图绘制等一系列测绘工作的流程的方法。

4.4.2　仪器借用与物品领取

(1)使用的仪器(在实验中心(室)借用)

根据实验中心(室)所拥有的 GPS 仪器的类型、数量和参加实习学生人数由指导教师分配仪器。各组借用相应型号的 GPS 接收机一台(套)和其他相应配件,主要包括主机、天线、连接电缆、脚架、充电器、钢卷尺、背包、记录板、测伞等。每天外业工作结束后应把仪器归还实验室。

(2)领用的物品(在指导教师处领取)

GPS 测量观测手簿、铅笔、小刀、实习记录本、总结用纸、资料袋等。

(3)使用的软件

数据处理和绘图软件:TGO(Trimble Geomatics Office),手簿软件 TSC(7.70)。

4.4.3　执行规范

《全球定位系统(GPS)测量规范》GB/T18314-2001。

4.4.4　任务量

①每组完成至少 10 个点左右的 GPS 网(静态测量)的设计、外业观测、基线处理和平差计算。

②每人单独进行 GPS 网的基线处理和平差计算以及成果分析等工作。在平差计算时,每组每人选取的独立基线应做到尽量不相同。

③每人独立完成 GPS 动态测量外业、内业全过程。

4.4.5　GPS 选点、埋石

(1)GPS 选点

在 GPS 网选点中,其网形结构比较灵活,但因 GPS 测量的特殊性,如若选点不当,将会造成卫星信号被干扰,引起多路径效应,或者相位观测中出现周跳,影响 GPS 信号的接收质量。故选好点位是提高 GPS 观测精度,保证成果可靠和观测工作顺利进行的重要环节,选点应严格按规范的规定进行,选点时应到实地进行点位踏勘,根据地形、地物、植被、点位对 GPS 接收信号的特殊要求等因素综合考虑来确定点的实地位置。

实地选点时要做到尽量满足以下要求:

①点位的基础应坚实稳固,易于保存。

②点位应选在便于安置和操作接收设备,周围视野开阔,有利于本次实习作业的方便和安全的地方。

③净空条件良好,视场内成片障碍物的高度角不宜超过 15°,以减少卫星信号被遮挡,如果在校园内实习,因树木、房屋较多,更应注意 GPS 信号接收的情况。

④点位应远离大功率无线电发射源(如电视台、电台、微波站等),其距离不得小于 200米;远离高压输电线和微波无线电信号传输通道,其距离不得小于 50 米,以避免电磁场对卫星信号的干扰。

⑤点位附近不应有大面积水域,不应有强烈干扰卫星信号接收的物体,以减弱多路径效应的影响。

⑥GPS点名应简洁、准确,不得重复,整个实习大队的GPS点点名和编号应统一。

(2)GPS点标石埋设

与水准测量或导线测量一样,点位按普通标石埋设,可用不锈钢标志或圆钢筋作为标志,钢筋头部锯有"十"字刻画或打小圆孔作为标志中心,现浇或在水泥地上打孔用环氧树脂固牢。

4.4.6 GPS点点之记绘制

不管是何种控制点的点之记,它的作用是让从未到达过该点的人通过点之记描述的内容,除对本点的埋石等情况有所了解外,更主要的是能很容易和方便地找到该点,因此点之记绘制也是测量人员的工作之一。在前面已对水准点和导线点点之记的格式和内容进行过介绍,GPS点点之记的格式见表4-14。

在实习中,每位同学可只完成水准点、导线点或GPS点其中之一的点之记绘制即可。

4.4.7 GPS静态测量

(1)外业数据采集

①按照任务或工程要求、依据测量规范或行业规范选择布网方法,确定网测量精度,绘制网设计图,重点掌握点连式、边连式的联网方法。

②设计测量进度安排表(包括测量时间、搬站时间、人员分配)。

③掌握GPS静态外业作业过程:仪器架设、天线高测量、卫星状态、电源状态的监视。学会GPS观测的观测手簿的填写等工作,主要记录点名、时段、开关机时间,天线高、卫星状态等信息,GPS观测的观测手簿格式见表4-15。

天线高在观测前、后各量测一次。对不同的仪器,天线高的量测方法和改正数是不一样的。出测前,应弄清楚天线高的量测方法。天线高读数至1mm。

基线解算时天线高均改算为相位中心垂直高度。

④主要作业技术指标。在静态测量时,同步作业图形之间采用边、网连接的方式。在GPS网设计时,为保证GPS网的高精度和高可靠性,应做到有较强的图形结构,要求GPS独立基线传递必须是边连接,组成三角形、大地四边形或多边形连接。

本次实习中,GPS网的主要技术指标见表4-16。

⑤外业观测注意事项:

a.在外业观测前按作业技术要求设置好仪器的各项作业技术参数。

b.每天出测前,做好仪器的准备工作,检查所用仪器及相关配件是否完整与完好性,确保到达点位的正常使用。为确保对中及整平的准确性,天线基座和光学对点器应注意检验校正。

c.作业间歇期间,接收机应该有专人维护保管,并在作业前充足电,将仪器及附件装于专用仪器箱中。为保证观测中仪器的安全,仪器管理实行个人负责制,对每台仪器进行编号,自实习开始至实习结束,每个作业组或作业人员均使用同一台(套)仪器(包括主机、天线、传输电缆、电池及基座等),做到责任分明。当出现特殊情况需要重新调配人员时,由指导教师统一做出安排。

表 4-14   **GPS 点点之记格式**

_____ GPS 点点之记

网区：				图幅：		
点　名		类　级		概略位置	B=　　L=　　H=	
所在地				最近住所及距离		
地　类		土　质		冻土深度		解冻深度
最近邮电设施				供电情况		
最近水源及距离				石子来源		沙子来源
本点交通情况（至本点道路与最近车站、码头名称及距离）				交通路线图		
选 点 情 况				点 位 略 图		
单　位						
选点员		日　期				
是否需联测坐标与高程						
建议联测等级与方法						
起始水准点及距离						
埋 石 情 况				标石断面图	接收机天线计划位置	
单　位						
埋石员		日　期				
利用旧点及情况						
保管人						
保管人单位及服务						
保管人住址						
备注						

表 4-15   **GPS 测量手簿格式**

<u>   GPS 测量手簿   </u>

点　　　号		点　　　名		图幅编号	
观　测　员		日期段号		观测日期	
接收机名称及编号		天线类型及其编号		存储介质编号数据文件名	
近似纬度	°　　′　　″N	近似经度	°　　′　　″E	近似高程	m
采样间隔	s	开始记录时　　间	h　　min	结束记录时　　间	h　　min

天线高测定	天线高测定方法及略图	点位略图
测前：　　　　测后： 测定值 _____ _____ m 修正值 _____ _____ m 天线高 _____ _____ m 平均值 _____ _____ m		

北京时间	跟踪卫星号 PRN	天气状况	纬度 °　′　″	经度 °　′　″	大地高 m	PDOP

记 事	

110

表 4-16　　　　　　　　　　　　GPS 测量作业的主要技术要求

项　　目	要　　求
卫星截止高度角	≥15°
同时观测有效卫星数	≥4
时段中任一卫星有效观测时间	≥20min
观测时段长度	≥60min
观测时段数(平均重复设站次数)	≥2
数据采样间隔	15s
几何图形强度因子 PDOP	≤8
天线对中精度	脚架≤2mm

d.观测组严格按调度表的规定作业,听从组长的统一指挥,以保证观测同步进行。当情况变化需要修改调度计划时,必须经组长同意。

e.观测时做到人不离岗,观测过程中严密监视电池和接收机情况并记录于外业观测手簿上,以便内业人员数据处理。观测人员严格禁止周围无关人员接近甚至触摸仪器,以保护作业人员和仪器的安全进而保证观测的正常进行。

f.注意仪器各部件的正确连接,禁止在硬度大的粗糙表面上进行拖拽电缆等违规操作。搬站时卸下的电缆不要把接头随意放在地上,以避免泥土、沙子或水损坏电缆而影响使用。

g.在两个时段之间不需要搬站的测站均把基座转动 180°后重新对中整平,以避免对中整平粗差的出现。

h.接收机在观测过程中不在其附近使用对讲机、手机等通信工具,避免干扰 GPS 接收机接收卫星信号。

(2)内业数据处理

在内业数据处理中,应了解和掌握以下方法:

①数据处理软件的安装;

②观测数据检查、选择方法及下载、Rinex 格式转换的方法;

③坐标系统的建立、选择和有关参数的输入;

④基线处理有关参数的选择、输入和执行,参数或方法的调整;

⑤闭合环误差的限差的确定、输入,闭合环误差的检验、调整;

⑥网平差有关参数的选择、输入和执行,参数或方法的调整。

4.4.8　GPS 测量上交成果资料

GPS 测量部分实习结束后,应上交以下成果资料:

①GPS 测量观测手簿;

②GPS 点点之记(每人一份);

③GPS 基线解算和平差计算结果(含 GPS 网图)(每人一份);

④GPS 测量每日日程安排及工作量完成情况登记表(每组一份)。

4.5　实习总结与成绩评定

4.5.1　上交成果

所有的实习结束,应按以上各部分的要求上交成果资料和每人的实习总结报告。

4.5.2　实习总结报告的编写

实习总结报告分为工作报告和技术报告两大部分。
(1)实习工作报告
①集中实习的基本情况简介和对集中实习的认识。
②实习的态度和纪律执行情况。
③实习工作量完成情况(数量及质量统计等)。
④实习的体会与收获(思想上的)。
⑤对集中实习的建议。
⑥其他。
(2)实习技术报告
①概述。简述集中实习的目的和要求、时间和地点、任务和范围等。
②测区概况。测区地理位置、气候交通、地形地貌等概况。
③测区已有成果资料。介绍测区已有成果资料与利用情况、标石保存情况等。
④执行的主要规范。实习中执行的主要规范和标准。
⑤精密水准测量施测:
a.精密水准测量的选点、埋石与水准路线的确定(含水准路线图);
b.水准仪和水准标尺的检验情况;
c.精密水准测量的施测方法;
d.精密水准测量的观测成果质量分析;
e.精密水准测量观测发现的问题及处理情况。
⑥精密导线测量施测:
a.精密导线测量的选点、埋石(含导线网略图);
b.精密导线测量的施测方法;
c.精密导线测量的观测成果质量分析;
d.精密导线测量观测发现的问题及处理情况。
⑦GPS测量施测:
a.GPS测量的选点、埋石(含 GPS 网略图);
b.GPS测量的施测方法;
c.GPS测量的观测成果质量分析;
d.GPS观测发现的问题及处理情况。
⑧实习的体会与收获(技术上的)。
(3)实习总结报告的装订
实习总结报告用 A$_4$ 纸打印并装订,封面与封底格式应统一,具体格式见表 4-17 和表 4-18。

表 4-17　　　　　实习总结报告封面格式

课程编号：　　　　　　　　　　　　　　　　课程性质:必修

大地测量集中实习

总 结 报 告

院（系）：_____

专　　业：_____

地　　点：_____

班　　级：_____

组　　号：_____

姓　　名：_____

学　　号：_____

教　　师：_____

年　月　日至　年　月　日

表 4-18　　　　　　　　　　　实习总结报告封底格式

综合评语：

平时成绩		所占比例	%
报告成绩		所占比例	%
考核成绩		所占比例	%
总结成绩			
指导教师			

年　月　日

4.5.3　集中实习成绩评定

（1）考核方式

实习的学生在完成实习全部任务，归还借用仪器，提交所有按要求应上交的成果资料和实习总结报告后，方可参加考核。

实习考核采用仪器操作考核与面试相结合的方式进行。

仪器操作考核按每位学生完成水准测量一站的观测和记录工作，分别从完成时间长短、观测过程是否规范、记录计算是否正确等方面综合评定。

面试和仪器操作考核应在指导教师的主持下进行。

（2）成绩评定

实习成绩按百分制记分评定，主要从以下几个方面来评定：

①平时成绩。主要考核对理论的掌握情况、实习任务完成的数量和质量、实际动手能力（含组织工作能力）、实习态度和执行纪律情况。

②报告成绩。实习总结报告的撰写情况。

③考核成绩。分面试时回答问题和仪器操作考核两部分成绩。

第5章 大地控制网技术设计与平差计算

5.1 技术设计

根据《测绘技术设计规定》(CH/T 1004-2005),技术设计书的内容通常包括概述、测区自然地理概况与已有资料情况、引用文件、主要技术指标和规格、技术设计方案等部分。

5.1.1 任务概述

说明任务来源、目的、任务量、测区范围和行政隶属等基本情况。

5.1.2 测区自然地理概况和已有资料情况

1.测区自然地理概况

根据需要说明与设计方案或作业有关的测区自然地理概况,内容包括测区地理特征、居民地、交通、气候情况和困难类别等。

2.已有资料情况

说明已有资料的数量、形式、施测年代,采用的坐标系统、高程和重力基准,资料的主要质量情况和评价、利用的可能性和利用方案等。

5.1.3 引用文件

说明专业技术设计书编写中所引用的标准、规范或其他技术文件,文件一经引用,便构成专业技术设计书设计内容的一部分。

5.1.4 主要技术指标

说明作业或成果的坐标系、高程基准、重力基准、时间系统、投影方法、精度或技术等级以及其他主要技术指标等。

5.1.5 设计方案

1.选点、埋石

设计方案的主要内容包括:

(1)规定作业所需的主要装备、工具、材料和其他设施。

(2)规定作业的主要过程、各工序作业方法和精度质量要求。

①选点:

——测量线路、标志布设的基本要求;

——点位选址、重合利用旧点的基本要求;

——需要联测点的踏勘要求;

——点名及编号规定;

——选址作业中应收集的资料和其他相关要求等。

②埋石:

——测量标志、标石材料的选取要求;

——石子、沙、混凝土的比例;

——标石、标志、观测墩的数学精度;

——埋设的标石、标志及附属设施的规格、类型;

——测量标志的外部整饬要求;

——埋设过程中需获取的相应资料(地质、水文、照片等)及其他应注意的事项;

——路线图、点之记绘制要求;

——测量标志保护及其委托保管要求;

——其他有关的要求。

(3)上交和归档成果及资料的内容和要求。

(4)有关附录。

2.平面控制测量

(1)全球定位系统(GPS)测量

设计方案的内容主要包括:

①规定 GPS 接收机或其他测量仪器的类型、数量、精度指标以及对仪器校准或检定的要求,规定测量和计算所需的专业应用软件和其他配置。

②规定作业的主要过程、各工序作业方法和精度质量要求:

——确定观测网的精度等级和其他技术指标等;

——规定观测作业各过程的方法和技术要求;

——规定观测成果记录的内容和要求;

——外业数据处理的内容和要求:外业成果检查(或检验)、整理、预处理的内容和要求。基线向量解算方案和数据质量检核的要求,必要时需确定平差方案,高程计算方案等;

——规定补测与重测的条件和要求;

——其他特殊要求:拟定所需的交通工具、主要物资及其供应方式、通信联络方式以及其他特殊情况下的应对措施。

③上交和归档成果及其资料的内容和要求。

④有关附录。

(2)三角测量和导线测量

设计方案的内容主要包括:

①规定测量仪器的类型、数量、精度指标以及对仪器校准或检定的要求,规定测量和计算所需的计算机硬件、软件及其他配置。

②规定作业的主要过程、各工序作业方法和精度质量要求:

——说明所确定的锁、网(或导线)的名称、等级、图形、点的密度,已知点的利用和起始控制情况;

——规定觇标类型和高度,标石的类型;

——水平角和导线边的测定方法和限差要求;

——三角点、导线点高程的测量方法,新旧点的联测方案等;

——数据的质量检核、预处理及其他要求;

——其他特殊要求:拟定所需的交通工具、主要物资及其供应方式、通信联络方式以及其他特殊情况下的应对措施。

③上交和归档成果及资料的内容和要求。

④有关附录。

3.高程控制测量

设计方案的内容主要包括:

(1)规定测量仪器的类型、数量、精度指标以及对仪器校准或检定的要求,规定测量和计算所需的专业应用软件及其他配置。

(2)规定作业的主要过程、各工序作业方法和精度质量要求:

——规定测站设置的基本要求;

——规定观测、联测、检测及跨越障碍的测量方法,观测的时间、气象条件及其他要求等;

——规定观测记录的方法和成果整饬要求;

——规定需要联测的气象站、水文站、验潮站和其他水准点;

——规定外业成果计算、检核的质量要求;

——规定成果重测和取舍要求;

——必要时,规定成果的平差计算方法、采用软件和高差改正等技术要求;

——其他特殊要求:拟定所需的交通工具、主要物资及其供应方式、通信联络方式以及其他特殊情况下的应对措施。

(3)上交和归档成果及资料的内容和要求。

(4)有关附录。

4.重力测量

设计方案的内容主要包括:

(1)规定测量仪器的类型、数量、精度指标以及对仪器校准或检定的要求,规定对重力仪的维护注意事项,规定测量和计算所需的专业应用软件和其他配置,并规定测量仪器的运载工具及运载要求。

(2)规定作业的主要过程、各工序作业方法和精度质量要求:

——规定重力控制点和加密点的布设和联测方案;

——规定重力点平面坐标和高程的施测方案,说明已知重力点的利用和联测情况;

——规定测量成果检查、取舍、补测和重测的要求和其他相关的技术要求;

——其他特殊要求:拟定所需的交通工具、主要物资及其供应方式、通信联络方式以及其他特殊情况下的应对措施。

(3)上交和归档成果及资料的内容和要求。

(4)有关附录。

5.大地测量数据处理

设计方案的内容主要包括:

(1)规定计算所需的软、硬件配置及其检验和测试要求。

(2)规定数据处理的技术方法或流程。

（3）规定各过程的作业要求和精度质量要求，包括：

——说明对已知数据和外业成果资料的统计、分析和评价的要求；

——说明数据预处理和计算的内容和要求，如采用的平面、高程、重力基准和起算数据，确定平差计算的数学模型、计算方法和精度要求，规定程序编制和检验的要求等；

——提出精度分析、评定的方法和要求等；

——其他有关的技术要求内容。

（4）规定数据质量检查的要求。

（5）规定上交成果的内容、形式、打印格式和归档要求等。

（6）有关附录。

5.2 平 差 计 算

大地控制网分为平面控制网、高程控制网、三维控制网，下面分别讨论这三种控制网的平差计算问题。

5.2.1 平面控制网平差计算

平面控制网的观测量为：水平方向 L_{ij}，平面坐标方位角 A_{ij}，平面边长 s_{ij}，二维 GPS 基线向量 $(\Delta x, \Delta y)_{ij}$。其相应的误差方程分别为：

（1）水平方向观测值误差方程

$$V_{L_{ij}} = - \mathrm{d}\zeta_i + a_{ij}\mathrm{d}x_i + b_{ij}\mathrm{d}y_i - a_{ij}\mathrm{d}x_j - b_{ij}\mathrm{d}y_j + l_{L_{ij}} \tag{5.1}$$

$$\begin{cases} a_{ij} = \Delta y_{ij}^0 / (s_{ij}^0)^2 \\ b_{ij} = \Delta x_{ij}^0 / (s_{ij}^0)^2 \\ l_{L_{ij}} = A_{ij}^0 - L_{ij} + z_i \\ A_{ij}^0 = \arctan \dfrac{\Delta y_{ij}^0}{\Delta x_{ij}^0} \\ s_{ij}^0 = \sqrt{(\Delta x_{ij}^0)^2 + (\Delta y_{ij}^0)^2} \\ \zeta_i^0 = \dfrac{1}{n_i} \sum_{j=1}^{n_i} (A_{ij}^0 - L_{ij}) \end{cases} \tag{5.2}$$

权 $p_{L_{ij}} = \sigma_0^2 / \sigma_{L_{ij}}^2$，$\zeta_i^0$ 为定向角未知数的近似值。

（2）方位角观测值误差方程

$$V_{A_{ij}} = a_{ij}\mathrm{d}x_i + b_{ij}\mathrm{d}y_i - a_{ij}\mathrm{d}x_j - b_{ij}\mathrm{d}y_j + l_{A_{ij}} \tag{5.3}$$

$$l_{A_{ij}} = A_{ij}^0 - A_{ij}$$

权 $p_{A_{ij}} = \sigma_0^2 / \sigma_{A_{ij}}^2$。

（3）边长观测值误差方程

$$V_{S_{ij}} = c_{ij}\mathrm{d}x_i + d_{ij}\mathrm{d}y_i - c_{ij}\mathrm{d}x_j - d_{ij}\mathrm{d}y_j + l_{S_{ij}} \tag{5.4}$$

$$\begin{cases} c_{ij} = - \Delta x_{ij}^0 / s_{ij}^0 \\ d_{ij} = - \Delta y_{ij}^0 / s_{ij}^0 \\ l_{s_{ij}} = s_{ij}^0 - s_{ij} \end{cases} \tag{5.5}$$

权　　$p_{S_{ij}} = \sigma_0^2 / \sigma_{s_{ij}}^2$。

（4）二维 GPS 基线向量误差方程

$$\begin{cases} v_{\Delta x_{ij}} = -\,\mathrm{d}x_i + \mathrm{d}x_j - \Delta x_{ij} \cdot k_1 - \Delta y_{ij} \cdot k_2 + l_{\Delta x_{ij}} \\ v_{\Delta y_{ij}} = -\,\mathrm{d}y_i + \mathrm{d}y_j - \Delta y_{ij} \cdot k_1 + \Delta x_{ij} \cdot k_2 + l_{\Delta y_{ij}} \end{cases} \qquad (5.6)$$

$$\begin{cases} k_1 = \mathrm{d}k \cdot \cos(\mathrm{d}\alpha) \\ k_2 = \mathrm{d}k \cdot \sin(\mathrm{d}\alpha) \end{cases} \qquad (5.7)$$

$$\begin{cases} l_{\Delta x_{ij}} = \Delta x_{ij}^0 - \Delta x_{ij} \\ l_{\Delta y_{ij}} = \Delta y_{ij}^0 - \Delta y_{ij} \end{cases}$$

GPS 到地面网的尺度因子 $K = 1 + \mathrm{d}K$，GPS 到地面网的旋转角为 $\alpha = \alpha^0 + \mathrm{d}\alpha$，根据 k_1、k_2 可反求出 k 和 α。

如果地面水平方位角、地面水平方向和 GPS 基线向量是在同一坐标系中，则可以去掉式(5.6) 中的 k_1、k_2 两个参数。

权　　$p_{(\Delta x_{ij}, \Delta y_{ij})} = \sigma_0^2 / \mathrm{cov}(\Delta x_{ij}, \Delta y_{ij})$。

（5）组成法方程

未知数向量为：

$$X = (\mathrm{d}x_1, \mathrm{d}y_1, \mathrm{d}x_2, \mathrm{d}y_2, \cdots, \mathrm{d}x_n, \mathrm{d}y_n, \mathrm{d}\zeta_1, \mathrm{d}\zeta_2, \cdots, \mathrm{d}\zeta_{n1}, k_1, k_2)^\mathrm{T} \qquad (5.8)$$

法方程可写为：

$$NX + W = 0 \qquad (5.9)$$

未知数总个数为：$t = 2 \cdot n + n_1 + 2$，n 为未知点个数，n_1 为带有方向观测值的测站数。对各个观测值的误差方程系数进行运算，采用累加法组成法方程。例设边长观测值个数为 n_s，可以写出相应的程序代码为：

```
for (i1=0;i1<ns; i1++)
{

    for (int i=0; i< t; i++) B[i]=0;     //系数阵赋初值
    i_from=(FromPointNumber-KnownPointNumber-1)*2;   //计算起点 x 坐标未知数序号
    i_to=(ToPointNumber-KnownPointNumber-1)*2;    //计算终点 x 坐标未知数序号
    dx=X[ToPointNumber-1]-X[FromPointNumber-1];
    dy=Y[ToPointNumber-1]-Y[FromPointNumber-1];
    s0=sqrt(dx*dx+dy*dy);
    B[i_from]=-dx/s0;
    B[i_from+1]=-dy/s0;
    B[i_to]=dx/s0;
    B[i_to+1]=dy/s0;
    l=s0-s[i1];     //误差方程常数项
    P=pow((sigma0/(costantError+scaleError*s0)),2);    //权

    for (int i=0; i< t; i++)
        for (int j=0; j< t; i++) N[i][j]=N[i][j]+B[i]*P*B[j];
                                            //累加到法方程系数阵中对应的元素
```

```
            for(int i=0; i<t; i++) W[i]=W[i]+B[i]*P*l; //累加到法方程常数项中对应的元素
```
}

（6）未知数求解及精度评定

$$X = -N^{-1}W \tag{5.10}$$
$$Q_{XX} = N^{-1}$$

5.2.2　高程控制网平差计算

设 i、j 两点经过各项改正后的高差为 h_{ij}，相应的距离为 s_{ij}，测站数为 c_{ij}，则可写出误差方程为：

$$v_{h_{ij}} = -\mathrm{d}h_i + \mathrm{d}h_j + l_{h_{ij}} \tag{5.11}$$
$$l_{h_{ij}} = h_{ij}^0 - h_{ij}$$

权 $p = 1/s_{ij}^2$ 或 $1/s_{ij}$ 或 c_0/c_{ij}，s_{ij} 的单位为 km，c_0 为 1km 对应的测站数。根据（5.11）构成法方程以及后续的解算与 5.2.1 小节中的（5）、（6）相似，此处不再赘述。

5.2.3　三维控制网平差计算

1.以三维空间直角坐标为未知参数的平差计算

地面观测量有：水平方向 L_{ij}，正北方位角 A_{ij}，垂直角 V_{ij}，斜距 S_{ij}，水准高差 h_{ij}，GPS 三维基线向量 $(\Delta X, \Delta Y, \Delta Z)_{ij}$。其误差方程分别为：

（1）水平方向观测值误差方程

$$V_{L_{ij}} = -\mathrm{d}\zeta_i - g_{11}^i \mathrm{d}X_i - g_{12}^i \mathrm{d}Y_i - g_{13}^i \mathrm{d}Z_i + g_{11}^j \mathrm{d}X_j + g_{12}^j \mathrm{d}Y_j + g_{13}^j \mathrm{d}Z_j + l_{L_{ij}} \tag{5.12}$$
$$g_{11}^i = (\sin B_i \cos L_i \sin\alpha_{ij} - \sin L_i \cos\alpha_{ij})/(S_{ij}\cos\beta_{ij})$$
$$g_{12}^i = (\sin B_i \sin L_i \sin\alpha_{ij} + \cos L_i \cos\alpha_{ij})/(S_{ij}\cos\beta_{ij})$$
$$g_{13}^i = -(\cos B_i \sin\alpha_{ij})/(S_{ij}\cos\beta_{ij})$$
$$l_{L_{ij}} = \alpha_{ij} - (L_{ij} + \zeta^0)$$

α_{ij} 为 A_{ij} 的近似值，β_{ij} 为 V_{ij} 的近似值，类似可求得 g_{ij}^j。

（2）方位角观测值误差方程

$$V_{A_{ij}} = -g_{11}^i \mathrm{d}X_i - g_{12}^i \mathrm{d}Y_i - g_{13}^i \mathrm{d}Z_i + g_{11}^j \mathrm{d}X_j + g_{12}^j \mathrm{d}Y_j + g_{13}^j \mathrm{d}Z_j + l_{A_{ij}} \tag{5.13}$$
$$l_{A_{ij}} = \alpha_{ij} - A_{ij}$$

（3）垂直角观测值误差方程

$$V_{V_{ij}} = -g_{21}^i \mathrm{d}X_i - g_{22}^i \mathrm{d}Y_i - g_{23}^i \mathrm{d}Z_i + g_{21}^j \mathrm{d}X_j + g_{22}^j \mathrm{d}Y_j + g_{23}^j \mathrm{d}Z_j + l_{V_{ij}} \tag{5.14}$$
$$g_{21}^i = (S_{ij}\cos B_i \cos L_i - \sin\beta_{ij}\Delta X)/(S_{ij}^2 \cos\beta_{ij})$$
$$g_{22}^i = (S_{ij}\cos B_i \sin L_i - \sin\beta_{ij}\Delta Y)/(S_{ij}^2 \cos\beta_{ij})$$
$$g_{23}^i = (S_{ij}\sin B_i - \sin B_i \Delta Z)/(S_{ij}^2 \cos\beta_{ij})$$
$$l_{V_{ij}} = \beta_{ij} - V_{ij}$$

（4）斜距观测值误差方程

$$V_{S_{ij}} = -g_{31}^i \mathrm{d}X_i - g_{32}^i \mathrm{d}Y_i - g_{33}^i \mathrm{d}Z_i + g_{31}^j \mathrm{d}X_j + g_{32}^j \mathrm{d}Y_j + g_{33}^j \mathrm{d}Z_j + l_{S_{ij}} \tag{5.15}$$
$$g_{31}^i = \Delta X/S_{ij}^0$$
$$g_{32}^i = \Delta Y/S_{ij}^0$$

$$g_{33}^i = \Delta Z / S_{ij}^0$$

$$l_{S_{ij}} = S_{ij}^0 - S_{ij}$$

（5）水准高差误差方程

$$V_{h_{ij}} = -g_{41}^i dX_i - g_{42}^i dY_i - g_{43}^i dZ_i + g_{41}^j dX_j + g_{42}^j dY_j + g_{43}^j dZ_j + l_{h_{ij}} \tag{5.16}$$

$$g_{41}^i = \cos B_i \cos L_i$$

$$g_{42}^i = -\cos B_i \sin L_i$$

$$g_{43}^i = \sin B_i$$

$$l_{h_{ij}} = h_{ij}^0 + \Delta N_{ij} - h_{ij}$$

（6）GPS 三维基线向量误差方程

$$\begin{bmatrix} V_{\Delta X} \\ V_{\Delta Y} \\ V_{\Delta Z} \end{bmatrix}_{ij} = -\begin{bmatrix} dX \\ dY \\ dZ \end{bmatrix}_i + \begin{bmatrix} dX \\ dY \\ dZ \end{bmatrix}_j - \begin{bmatrix} \Delta X & 0 & -\Delta Z & \Delta Y \\ \Delta Y & \Delta Z & 0 & -\Delta X \\ \Delta Z & -\Delta Y & -\Delta X & 0 \end{bmatrix} \begin{bmatrix} m_1 \\ m_2 \\ m_3 \\ m_4 \end{bmatrix} + \begin{bmatrix} l_{\Delta X} \\ l_{\Delta Y} \\ l_{\Delta Z} \end{bmatrix}_{ij} \tag{5.17}$$

$$\begin{bmatrix} l_{\Delta X} \\ l_{\Delta Y} \\ l_{\Delta Z} \end{bmatrix}_{ij} = \begin{bmatrix} \Delta X_{ij}^0 - \Delta X_{ij} \\ \Delta Y_{ij}^0 - \Delta Y_{ij} \\ \Delta Z_{ij}^0 - \Delta Z_{ij} \end{bmatrix}$$

$$m_1 = dk, \ m_2 = m_1 \cdot \varepsilon_X, \ m_3 = m_1 \cdot \varepsilon_Y, \ m_4 = m_1 \cdot \varepsilon_Z$$

GPS 到地面网的尺度因子 $K = 1 + dK$，根据 m_1、m_2、m_3、m_4 可反求出 k 和 ε_X、ε_Y、ε_Z。如果所有观测值都是在同一个空间直角坐标系中，则去掉与 m_1、m_2、m_3、m_4 有关的项。

2.以三维大地坐标为未知参数的平差计算

把以三维空间直角坐标为未知参数的平差计算中的 (X, Y, Z) 对应的参数项 (dX, dY, dZ) 转换为 (B, L, H) 相应的参数项 (dB, dL, dH)，就可以导出以三维大地坐标为未知参数的平差计算的观测值误差方程为：

$$\begin{pmatrix} X \\ Y \\ Z \end{pmatrix} = \begin{pmatrix} (N+H)\cos B \cos L \\ (N+H)\cos B \sin L \\ ((1-e^2)N+H)\sin B \end{pmatrix} \tag{5.18}$$

对式（5.18）求微分，可以得到：

$$\begin{pmatrix} dX \\ dY \\ dZ \end{pmatrix} = J \begin{pmatrix} dB \\ dL \\ dH \end{pmatrix} \tag{5.19}$$

$$J = \begin{pmatrix} -(M+H)\sin B \cos L & -(N+H)\cos B \sin L & \cos B \cos L \\ -(M+H)\sin B \sin L & (N+H)\cos B \cos L & \cos B \sin L \\ (M+H)\cos B & 0 & \sin B \end{pmatrix} \tag{5.20}$$

根据 $G \cdot dX = G \cdot J \cdot dB$，可求出各个观测值的误差方程的系数。

（1）水平方向观测值误差方程

$$V_{L_{ij}} = -d\zeta_i - f_{11}^i dB_i - f_{12}^i dL_i - f_{13}^i dH_i + f_{11}^j dB_j + f_{12}^j dL_j + f_{13}^j dH_j + l_{L_{ij}} \tag{5.21}$$

$$f_{11}^i = -(M+H)\sin\alpha_{ij} / (S_{ij}\cos\beta_{ij})$$

$$f_{12}^{i} = (N+H)\cos B_i \cos\alpha_i / (S_{ij}\cos\beta_{ij})$$

$$f_{13}^{i} = 0$$

$$l_{L_{ij}} = \alpha_{ij} - (L_{ij} + \zeta^0)$$

（2）方位角观测值误差方程

$$V_{A_{ij}} = -f_{11}^{i}\mathrm{d}B_i - f_{12}^{i}\mathrm{d}L_i - f_{13}^{i}\mathrm{d}H_i + f_{11}^{j}\mathrm{d}B_j + f_{12}^{j}\mathrm{d}L_j + f_{13}^{j}\mathrm{d}H_j + l_{A_{ij}} \tag{5.22}$$

$$l_{A_{ij}} = \alpha_{ij} - A_{ij}$$

（3）垂直角观测值误差方程

$$V_{V_{ij}} = -f_{21}^{i}\mathrm{d}B_i - f_{22}^{i}\mathrm{d}L_i - f_{23}^{i}\mathrm{d}H_i + f_{21}^{j}\mathrm{d}B_j + f_{22}^{j}\mathrm{d}L_j + f_{23}^{j}\mathrm{d}H_j + l_{V_{ij}} \tag{5.23}$$

$$f_{21}^{i} = -(M+H)\cos\alpha_{ij}\sin\beta_{ij} / S_{ij}$$

$$f_{22}^{i} = -(N+H)\cos B_i \sin\alpha_{ij}\sin\beta_{ij} / S_{ij}$$

$$f_{23}^{i} = \cos\beta_{ij} / S_{ij}$$

$$l_{V_{ij}} = \beta_{ij} - V_{ij}$$

（4）斜距观测值误差方程

$$V_{S_{ij}} = -f_{31}^{i}\mathrm{d}B_i - f_{32}^{i}\mathrm{d}L_i - f_{33}^{i}\mathrm{d}H_i + f_{31}^{j}\mathrm{d}B_j + f_{32}^{j}\mathrm{d}L_j + f_{33}^{j}\mathrm{d}H_j + l_{S_{ij}} \tag{5.24}$$

$$f_{31}^{i} = (M+H)\cos\alpha_{ij}\cos\beta_{ij}$$

$$f_{32}^{i} = (N+H)\cos B_i \sin\alpha_{ij}\cos\beta_{ij}$$

$$f_{33}^{i} = \sin\beta_{ij}$$

$$l_{S_{ij}} = S_{ij}^0 - S_{ij}$$

（5）水准高差误差方程

$$V_{h_{ij}} = -\mathrm{d}H_i + \mathrm{d}H_j + l_{h_{ij}} \tag{5.25}$$

$$l_{h_{ij}} = h_{ij}^0 + \Delta N_{ij} - h_{ij}$$

（6）GPS三维基线向量误差方程

$$\begin{bmatrix} V_{\Delta X} \\ V_{\Delta Y} \\ V_{\Delta Z} \end{bmatrix}_{ij} = -J_i\begin{bmatrix} \mathrm{d}B \\ \mathrm{d}L \\ \mathrm{d}H \end{bmatrix}_i + J_j\begin{bmatrix} \mathrm{d}B \\ \mathrm{d}L \\ \mathrm{d}H \end{bmatrix}_j - \begin{bmatrix} \Delta X & 0 & -\Delta Z & \Delta Y \\ \Delta Y & \Delta Z & 0 & -\Delta X \\ \Delta Z & -\Delta Y & -\Delta X & 0 \end{bmatrix}\begin{bmatrix} m_1 \\ m_2 \\ m_3 \\ m_4 \end{bmatrix} + \begin{bmatrix} l_{\Delta X} \\ l_{\Delta Y} \\ l_{\Delta Z} \end{bmatrix}_{ij} \tag{5.26}$$

$$\begin{bmatrix} l_{\Delta X} \\ l_{\Delta Y} \\ l_{\Delta Z} \end{bmatrix}_{ij} = \begin{bmatrix} \Delta X_{ij}^0 - \Delta X_{ij} \\ \Delta Y_{ij}^0 - \Delta Y_{ij} \\ \Delta Z_{ij}^0 - \Delta Z_{ij} \end{bmatrix}$$

$$m_1 = \mathrm{d}k, \ m_2 = m_1 \cdot \varepsilon_X, \ m_3 = m_1 \cdot \varepsilon_Y, \ m_4 = m_1 \cdot \varepsilon_z$$

GPS到地面网的尺度因子 $K = 1+\mathrm{d}K$，根据 m_1、m_2、m_3、m_4 可反求出 k 和 ε_X、ε_Y、ε_Z。如果所有观测值都是在同一个空间直角坐标系中，则去掉与 m_1、m_2、m_3、m_4 有关的项。

5.2.4 控制网算例

（1）平面控制网

如图5-1所示的平面控制网，使用全站仪进行观测，地面平距和水平方向见表5-1，各点高程见表5-2。测距固定误差为3mm，比例误差为3ppm，方向中误差为 1.3″，G001、G009、G010 为已知点,其(x,y)坐标分别为:G001(4590341.8410,501783.9820), G009(4566778.2550, 509527.3870), G010(4564138.4610,496046.1670),坐标系统为 CGCS2000,y 坐标加常数为 500km,中央子午线为 117°,平均纬度为 41°20′。根据以上数据完成观测值的概算并进行平差。

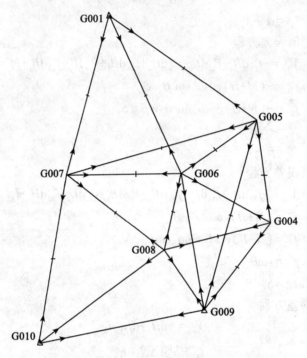

图 5-1　平面控制网网图

表 5-1　　　　　　　　　　　　地面平距 S(m)和水平方向 L(DDD.MMSSSS)

G009				G006		
	G005	L	0.00000	G005	L	0.00000
	G005	S	15875.02116	G005	S	7547.47644
	G004	S	8852.06029	G004	L	63.19074
	G004	L	22.03222	G004	S	8329.83830
	G010	L	243.10366	G009	L	114.59401
	G008	L	310.48213	G009	S	11136.65256
	G008	S	5777.08530	G008	S	6288.89308
	G006	S	11136.65256	G008	L	136.38089
	G006	L	334.28324	G007	L	214.14283
G010				G007	S	9383.46667
	G007	L	0.00000	G001	L	279.50412
	G007	S	13706.21820	G001	S	13882.83442
	G008	S	12715.45272	G007		

124

点名			点名		
G008	L	44.48467	G001	L	0.00000
G009	L	69.39245	G001	S	13159.38576
G005			G005	S	16189.75850
G004	L	0.00000	G005	L	58.41375
G004	S	8359.95553	G006	L	73.54034
G009	L	23.25466	G006	S	9383.46667
G009	S	15875.02116	G008	S	10112.69164
G006	L	62.54391	G008	L	111.18069
G006	S	7547.47644	G010	S	13706.21820
G007	S	16189.75850	G010	L	173.41582
G007	L	81.56391	**G001**		
G001	L	132.11285	G005	L	0.00000
G001	S	14624.28101	G005	S	14624.28101
G008			G006	S	13882.83442
G006	L	0.00000	G006	L	30.33520
G006	S	6288.89308	G007	L	71.03384
G004	L	63.58004	G007	S	13159.38576
G004	S	8880.23799	**G004**		
G009	L	134.41226	G009	L	0.00000
G009	S	5777.08530	G009	S	8852.06029
G010	S	12715.45272	G008	S	8880.23799
G010	L	222.13004	G008	L	38.01394
G007	L	295.00251	G006	L	80.44401
G007	S	10112.69164	G006	S	8329.83830
			G005	S	8359.95553
			G005	L	134.30585

表 5-2　　　　　　　　　已知高程（m）

点名	H（m）	点名	H（m）
G001	206.2798	G007	166.0677
G004	23.8765	G008	84.7839
G005	108.416	G009	8.2956
G006	113.4507	G010	130.5577

答案:

①利用表 5-1 的观测数据求解近似坐标,并与表 5-2 的已知高程联合形成概算用文件(边角网_1.xyh),见表 5-3。

表 5-3 　　　　　　　　　　　数据文件(边角网_1.xyh)

点名	x(m)	y(m)	H(m)
G001	4590341.8410	501783.9820	206.2798
G009	4566778.2550	509527.3870	8.2956
G010	4564138.4610	496046.1670	130.5577
G004	4573772.7297	514952.9096	23.8765
G005	4582057.5482	513835.0907	108.4160
G006	4577753.0534	507635.6073	113.4507
G007	4577665.6034	498252.5917	166.0677
G008	4571598.5085	506343.0057	84.7839

②将地面平距和水平方向归化到高斯平面上,结果见表 5-4 至表 5-6。

表 5-4 　　　　　　　　　高斯平面上的平距(S)和水平方向(L)

G009			G006		
G005	L	0.00000	G005	L	0.00000
G005	S	15874.90668	G005	S	7547.35664
G004	S	8852.05524	G004	L	63.19076
G004	L	22.03224	G004	S	8329.76280
G010	L	243.10371	G009	L	114.59405
G008	L	310.48216	G009	S	11136.55758
G008	S	5777.04783	G008	S	6288.79918
G006	S	11136.55758	G008	L	136.38091
G006	L	334.28325	G007	L	214.14284
G010			G007	S	9383.26405
G007	L	0.00000	G001	L	279.50411
G007	S	13705.90286	G001	S	13882.49290
G008	S	12715.24181	G007		

	G008	L	44.48466	G001	L		0.00000
	G009	L	69.39244		G001	S	13159.00337
G005					G005	S	16189.42619
	G004	L	0.00000	G005	G005	L	58.41374
	G004	S	8359.89055		G006	L	73.54034
	G009	L	23.25468		G006	S	9383.26405
	G009	S	15874.90668		G008	S	10112.49519
	G006	L	62.54389		G008	L	111.18069
	G006	S	7547.35664		G010	S	13705.90286
	G007	S	16189.42619		G010	L	173.41581
	G007	L	81.56389	G001			
	G001	L	132.11280		G005	L	0.00000
	G001	S	14623.93667		G005	S	14623.93667
G008					G006	S	13882.49290
	G006	L	0.00000		G006	L	30.33520
	G006	S	6288.79918		G007	L	71.03383
	G004	L	63.58005		G007	S	13159.00337
	G004	S	8880.17622	G004			
	G009	L	134.41228		G009	L	0.00000
	G009	S	5777.04783		G009	S	8852.05524
	G010	S	12715.24181		G008	S	8880.17622
	G010	L	222.13006		G008	L	38.01392
	G007	L	295.00252		G006	L	80.44397
	G007	S	10112.49519		G006	S	8329.76280
					G005	S	8359.89055
					G005	L	134.30580

③平差计算

已知点数：3	未知点数： 5
方位角数： 0	方向观测个数： 36
固定边数： 0	边长观测个数： 34
先验单位权中误差(sec):1.300	后验单位权中误差:1.071

表 5-5 平差坐标及其精度

Name	X(m)	Y(m)	MX(cm)	MY(cm)	MP(cm)	E(cm)	F(cm)	T(dms)
G001	4590341.8410	501783.9820	0.000	0.000	0.000	0.000	0.000	0.0000
G009	4566778.2550	509527.3870	0.000	0.000	0.000	0.000	0.000	0.0000
G010	4564138.4610	496046.1670	0.000	0.000	0.000	0.000	0.000	0.0000
G005	4582057.5350	513835.0709	1.377	1.781	2.251	1.841	1.297	110.4817
G008	4571598.4300	506343.0441	0.910	1.155	1.471	1.205	0.844	66.3709
G006	4577752.9467	507635.6309	0.986	1.485	1.782	1.492	0.975	82.4102
G007	4577665.5456	498252.7718	1.391	1.583	2.107	1.596	1.376	75.3243
G004	4573772.7164	514952.9192	1.365	1.368	1.932	1.506	1.210	134.4259

表 5-6 网点间边长和方位角及其精度

FROM	TO	A(dms)	MA(sec)	S(m)	MS(cm)	S/MS
G009	G005	15.444101	0.24	15874.9027	1.30	1219400
G009	G004	37.480132	0.35	8852.0557	1.21	728700
G009	G010	258.551538	0.00	13737.2415	0.00	
G009	G008	326.330047	0.43	5777.0344	0.86	674100
G009	G006	350.131122	0.28	11136.5434	0.98	1140400
G010	G007	9.155316	0.24	13705.8791	1.41	969400
G010	G008	54.043757	0.14	12715.2199	1.19	1068300
G010	G009	78.551538	0.00	13737.2415	0.00	
G005	G004	172.185631	0.39	8359.8925	1.25	667200
G005	G009	195.444101	0.24	15874.9027	1.30	1219400
G005	G006	235.133279	0.43	7547.3529	1.11	682000
G005	G007	254.153278	0.25	16189.4291	1.52	1064000
G005	G001	304.302118	0.19	14623.9006	1.81	806000
G008	G006	11.513964	0.42	6288.7881	0.92	685400
G008	G004	75.493788	0.36	8880.1728	1.15	772800
G008	G009	146.330047	0.43	5777.0344	0.86	674100
G008	G010	234.043757	0.14	12715.2199	1.19	1068300
G008	G007	306.520203	0.32	10112.4872	1.32	767800
G006	G005	55.133279	0.43	7547.3529	1.11	682000
G006	G004	118.323814	0.37	8329.7624	1.16	719900

FROM	TO	A(dms)	MA(sec)	S(m)	MS(cm)	S/MS
G006	G009	170.131122	0.28	11136.5434	0.98	1140400
G006	G008	191.513964	0.42	6288.7881	0.92	685400
G006	G007	269.275870	0.34	9383.2662	1.25	751600
G006	G001	335.041113	0.22	13882.4369	1.03	1343400
G007	G001	15.335809	0.24	13158.9480	1.43	917500
G007	G005	74.153278	0.25	16189.4291	1.52	1064000
G007	G006	89.275870	0.34	9383.2662	1.25	751600
G007	G008	126.520203	0.32	10112.4872	1.32	767800
G007	G010	189.155316	0.24	13705.8791	1.41	969400
G001	G005	124.302118	0.19	14623.9006	1.81	806000
G001	G006	155.041113	0.22	13882.4369	1.03	1343400
G001	G007	195.335809	0.24	13158.9480	1.43	917500
G004	G009	217.480132	0.35	8852.0557	1.21	728700
G004	G008	255.493788	0.36	8880.1728	1.15	772800
G004	G006	298.323814	0.37	8329.7624	1.16	719900
G004	G005	352.185631	0.39	8359.8925	1.25	667200

（2）高程控制网

如图 5-2 所示的二等水准测量路线,采用数字水准仪进行观测,得到的高差观测值见表 5-7,各点的概略经纬度见表 5-8。BMIA、BMIB、BMIC 为已知高程点,其正常高分别为: 45.167m、49.951m、268.808m,高程系统为国家 1985 黄海高程。根据以上数据计算水准面不平行引起的高差改正,并完成平差计算。

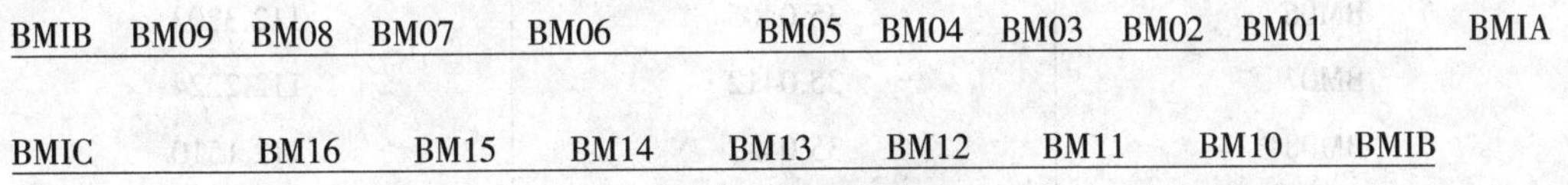

BMIB	BM09	BM08	BM07	BM06		BM05	BM04	BM03	BM02	BM01		BMIA

BMIC		BM16	BM15	BM14	BM13	BM12	BM11	BM10	BMIB

图 5-2 二等水准测量路线

表 5-7   高差观测值

起点	终点	高差(m)	距离(km)
BMIA	BM01	−26.5847	22.301
BM01	BM02	28.8752	9.012
BM02	BM03	14.588	10.322
BM03	BM04	41.4573	11.326
BM04	BM05	119.5326	9.861

起点	终点	高差(m)	距离(km)
BM05	BM06	−38.6206	19.526
BM06	BM07	−38.7629	14.701
BM07	BM08	−88.7	11.092
BM08	BM09	27.2033	11.845
BM09	BMIB	−34.1869	8.607
BMIB	BM10	−7.7208	11.549
BM10	BM11	−8.6545	10.276
BM11	BM12	23.2485	13.852
BM12	BM13	7.0407	9.973
BM13	BM14	155.8384	13.702
BM14	BM15	86.2757	11.891
BM15	BM16	29.1885	12.006
BM16	BMIC	−66.3421	22.155

表 5-8　　　　　　　　　　　　水准点概略经纬度(CGCS2000)

BMIA	35.0312	113.2605
BMIB	35.0424	112.0147
BMIC	35.0440	110.5244
BM01	35.0329	113.1126
BM02	35.0335	113.0531
BM03	35.0342	112.5845
BM04	35.0349	112.5119
BM05	35.0355	112.4452
BM06	35.0405	112.3203
BM07	35.0412	112.2224
BM08	35.0417	112.1510
BM09	35.0421	112.0724
BM10	35.0428	111.5413
BM11	35.0431	111.4730
BM12	35.0434	111.3826
BM13	35.0436	111.3154
BM14	35.0438	111.2255
BM15	35.0439	111.1508
BM16	35.0440	111.0716

答案:水准面不平行引起的高差改正数小于 0.1mm(参见表 5-9),因此对于该水准网可以忽略其影响。

表 5-9 水准面不平行引起的高差改正数

起点	终点	水准面不平行改正(mm)
BMIA	BM01	−0.01
BM01	BM02	0.00
BM02	BM03	−0.01
BM03	BM04	−0.01
BM04	BM05	−0.02
BM05	BM06	−0.05
BM06	BM07	−0.03
BM07	BM08	−0.01
BM08	BM09	−0.01
BM09	BMIB	0.00
BMIB	BM10	0.00
BM10	BM11	0.00
BM11	BM12	0.00
BM12	BM13	0.00
BM13	BM14	−0.01
BM14	BM15	−0.01
BM15	BM16	−0.01
BM16	BMIC	0.00

平差结果如下:

平差后高程值

序号	点名	高程(m)	高程中误差(mm)
1	BMIA	45.1670	已知点
2	BMIB	49.9510	已知点
3	BMIC	268.8080	已知点
4	BM01	18.5793	6.92
5	BM02	47.4533	7.85
6	BM03	62.0399	8.56
7	BM04	103.4957	9.00

131

平差后高程值			
序号	点名	高程(m)	高程中误差(mm)
8	BM05	223.0269	9.14
9	BM06	184.4037	8.77
10	BM07	145.6388	7.87
11	BM08	56.9374	6.69
12	BM09	84.1391	4.57
13	BM10	42.2283	5.17
14	BM11	33.5721	6.71
15	BM12	56.8183	7.83
16	BM13	63.8574	8.20
17	BM14	219.6935	8.21
18	BM15	305.9672	7.75
19	BM16	335.1538	6.74

平差后高差值					
序号	从	到	平差后高差值(m)	改正数(mm)	高差中误差(mm)	距离(km)
1	BMIA	BM01	−26.5877	−3.00	6.92	22.3010
2	BM01	BM02	28.8740	−1.21	4.67	9.0120
3	BM02	BM03	14.5866	−1.39	4.97	10.3220
4	BM03	BM04	41.4558	−1.52	5.18	11.3260
5	BM04	BM05	119.5313	−1.33	4.87	9.8610
6	BM05	BM06	−38.6232	−2.63	6.56	19.5260
7	BM06	BM07	−38.7649	−1.98	5.82	14.7010
8	BM07	BM08	−88.7015	−1.49	5.13	11.0920
9	BM08	BM09	27.2017	−1.59	5.29	11.8450
10	BM09	BMIB	−34.1881	−1.16	4.57	8.6070
11	BMIB	BM10	−7.7227	−1.91	5.17	11.5490
12	BM10	BM11	−8.6562	−1.70	4.91	10.2760
13	BM11	BM12	23.2462	−2.29	5.59	13.8520
14	BM12	BM13	7.0391	−1.65	4.85	9.9730
15	BM13	BM14	155.8361	−2.26	5.57	13.7020
16	BM14	BM15	86.2737	−1.96	5.24	11.8910
17	BM15	BM16	29.1865	−1.98	5.26	12.0060
18	BM16	BMIC	−66.3458	−3.66	6.74	22.1550

单位权中误差和 PVV	
PVV =	5.200
自由度 =	2
单位权 =	1.612(mm)
总长度 =	233.997(km)
总点数 =	19
测段数 =	18

(3)GPS 控制网

如图 5-3 所示的 GPS 控制网,其独立基线向量观测值见表 5-10。G025 是已知点,其 WGS84 三维空间直角坐标为(X = -2297213.6540, Y = 4320430.5156, Z = 4078390.5284),另外用测距仪观测了表 5-11 所示的 9 条边长,并已知 G001、G002、G003 三点的 CGCS2000 平面直角坐标(参见表 5-12)。试对该 GPS 控制网进行平差计算,求各点的 WGS84 三维空间直角坐标以及地方坐标系中的平面直角坐标。

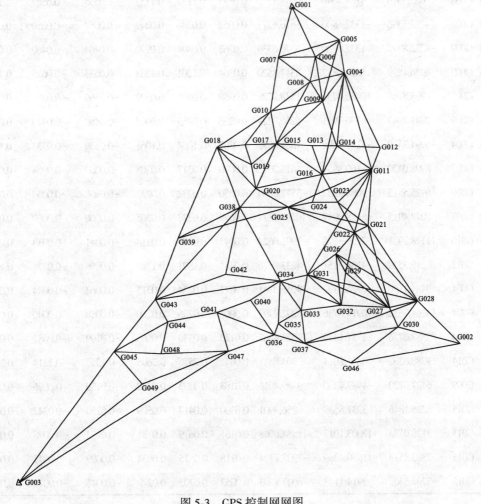

图 5-3   GPS 控制网网图

起点	终点	DX(m)	DY(m)	DZ(m)	DX方差	DY方差	DZ方差	XY协方差	XZ协方差	YZ协方差
G004	G005	3450.3803	−4309.8979	6278.1301	0.0448	0.0716	0.0613	−0.0453	−0.0310	0.0515
G006	G005	−4227.3258	−5358.9756	3221.0206	0.0260	0.0405	0.0452	−0.0186	−0.0113	0.0252
G005	G006	4227.3146	5358.9785	−3221.0240	0.0537	0.0870	0.0758	−0.0545	−0.0377	0.0632
G006	G004	−7677.6818	−1049.1078	−3057.1321	0.0403	0.1325	0.1357	−0.0699	−0.0690	0.1292
G006	G007	8314.6810	4349.3124	−28.0161	0.0148	0.0221	0.0243	−0.0112	−0.0094	0.0151
G006	G001	8959.8295	−4695.1944	9508.8043	0.0107	0.0182	0.0203	−0.0079	−0.0059	0.0119
G005	G007	12541.9943	9708.2965	−3249.0293	0.0497	0.0689	0.0771	−0.0351	−0.0235	0.0444
G001	G007	−645.1511	9044.5081	−9536.8191	0.0116	0.0182	0.0204	−0.0086	−0.0071	0.0123
G005	G001	13187.1528	663.7803	6287.7833	0.0193	0.0297	0.0337	−0.0137	−0.0083	0.0187
G006	G008	−683.3516	4188.4046	−4641.2190	0.0341	0.1132	0.1157	−0.0595	−0.0587	0.1104
G009	G008	4252.8396	−1332.6800	3676.6277	0.0052	0.0248	0.0249	−0.0052	−0.0050	0.0196
G008	G009	−4252.8372	1332.6820	−3676.6339	0.0263	0.0894	0.0920	−0.0464	−0.0460	0.0877
G006	G009	−4936.1899	5521.0882	−8317.8520	0.0364	0.1201	0.1233	−0.0633	−0.0625	0.1172
G005	G009	−708.8768	10880.0751	−11538.8728	0.0368	0.0588	0.0527	−0.0369	−0.0257	0.0429
G004	G009	2741.4942	6570.1931	−5260.7229	0.0256	0.0869	0.0905	−0.0450	−0.0449	0.0857
G008	G004	−6994.3320	−5237.5098	1584.0895	0.0307	0.1034	0.1061	−0.0539	−0.0533	0.1013
G008	G007	8998.0420	160.8954	4613.2015	0.0070	0.0317	0.0308	−0.0069	−0.0068	0.0244
G008	G010	6925.5512	9088.9882	−5577.6884	0.0050	0.0232	0.0227	−0.0050	−0.0049	0.0180
G010	G007	2072.4915	−8928.0947	10190.8874	0.0059	0.0277	0.0265	−0.0060	−0.0060	0.0213
G009	G010	11178.3921	7756.3078	−1901.0620	0.0043	0.0207	0.0214	−0.0041	−0.0038	0.0166
G011	G012	−219.3529	−4188.3151	4237.8976	0.0481	0.1891	0.1783	−0.0896	−0.0871	0.1793
G012	G004	13484.1150	−6726.3727	14055.0341	0.0071	0.0274	0.0315	−0.0063	−0.0044	0.0213
G011	G004	13264.7532	−10914.6736	18292.9493	0.0066	0.0236	0.0280	−0.0058	−0.0040	0.0182
G013	G014	−5582.6776	−2751.1310	−324.8561	0.0125	0.0330	0.0565	−0.0109	−0.0082	0.0271
G012	G014	9788.6262	4831.2014	304.8641	0.0641	0.2576	0.2605	−0.1215	−0.1214	0.2534
G014	G009	6437.0120	−4987.4300	8489.4016	0.0183	0.0393	0.0332	−0.0139	−0.0096	0.0260
G013	G015	8235.1846	3931.8539	256.3901	0.0300	0.0417	0.0509	−0.0250	−0.0242	0.0374
G008	G015	3128.0123	13003.1017	−11584.8068	0.0161	0.0679	0.0781	−0.0133	−0.0078	0.0566
G009	G015	7380.8513	11670.4269	−7908.1724	0.0118	0.0515	0.0634	−0.0089	−0.0047	0.0444
G010	G015	−3797.5402	3914.1143	−6007.1203	0.0053	0.0202	0.0270	−0.0044	−0.0027	0.0171

表 5-10　　　　　　独立基线向量观测值（固定误差 a=5mm，比例误差 b=1ppm）

起点	终点	DX(m)	DY(m)	DZ(m)	DX 方差	DY 方差	DZ 方差	XY 协方差	XZ 协方差	YZ 协方差
G013	G016	−4334.1391	3070.2886	−5625.1460	0.0162	0.0510	0.0213	−0.0211	−0.0100	0.0203
G011	G014	9569.2712	642.8899	4542.7659	0.0436	0.1777	0.1823	−0.0839	−0.0843	0.1757
G011	G016	10817.7832	6464.3392	−757.4931	0.0207	0.0730	0.0681	−0.0371	−0.0357	0.0687
G014	G016	1248.5142	5821.4434	−5300.2658	0.0361	0.1473	0.1503	−0.0696	−0.0697	0.1453
G016	G015	12569.3381	861.5675	5881.5280	0.0046	0.0150	0.0203	−0.0039	−0.0028	0.0121
G004	G014	−3695.4998	11557.5977	−13750.1473	0.0062	0.0218	0.0260	−0.0054	−0.0037	0.0168
G004	G014	−3695.5066	11557.5990	−13750.1502	0.0195	0.0420	0.0349	−0.0148	−0.0099	0.0274
G004	G016	−2446.9804	17379.0294	−19050.4268	0.0040	0.0142	0.0170	−0.0036	−0.0024	0.0110
G015	G017	7131.1988	3870.9174	−139.1633	0.0197	0.0342	0.0381	−0.0144	−0.0103	0.0219
G010	G017	3333.6535	7785.0543	−6146.2614	0.0105	0.0216	0.0218	−0.0090	−0.0077	0.0172
G017	G018	5950.1466	3655.3700	−200.4940	0.0195	0.0393	0.0398	−0.0169	−0.0146	0.0317
G019	G015	−4127.3262	−5958.4459	3908.5199	0.0372	0.0698	0.0925	−0.0243	−0.0113	0.0456
G019	G017	3003.8731	−2087.5276	3769.3608	0.0239	0.0612	0.0487	−0.0194	−0.0156	0.0352
G019	G020	−2663.2975	2993.5763	−4485.5276	0.0112	0.0647	0.0702	−0.0111	−0.0098	0.0554
G015	G020	1464.0184	8952.0273	−8394.0585	0.0083	0.0252	0.0342	−0.0070	−0.0048	0.0197
G020	G018	11617.3124	−1425.7026	8054.4202	0.0088	0.0442	0.0472	−0.0086	−0.0072	0.0364
G019	G018	8954.0178	1567.8722	3568.8936	0.0095	0.0550	0.0520	−0.0096	−0.0092	0.0439
G010	G018	9283.8006	11440.4240	−6346.7532	0.0546	0.2021	0.2055	−0.0997	−0.0991	0.2001
G016	G020	14033.3546	9813.5991	−2512.5241	0.0362	0.1346	0.1503	−0.0665	−0.0686	0.1384
G011	G021	−3230.7573	8460.9825	−10517.4562	0.0257	0.0459	0.0595	−0.0268	−0.0256	0.0354
G022	G021	−2615.3537	−2701.2051	1317.3461	0.0031	0.0100	0.0041	−0.0043	−0.0021	0.0039
G021	G022	2615.3547	2701.2060	−1317.3387	0.0027	0.0050	0.0063	−0.0029	−0.0027	0.0038
G022	G011	615.3809	−11162.1454	11834.8480	0.0652	0.2045	0.2236	−0.1114	−0.1140	0.2061
G023	G016	5462.3146	−2185.5914	5268.9791	0.0200	0.0250	0.0238	−0.0143	−0.0058	0.0131
G024	G023	−5655.6581	−2998.6501	−140.0417	0.0414	0.0569	0.0489	−0.0313	−0.0127	0.0287
G024	G016	−193.3470	−5184.2354	5128.9373	0.0170	0.0346	0.0307	−0.0128	−0.0081	0.0189
G021	G023	8586.2168	188.9706	4491.0137	0.0109	0.0350	0.0147	−0.0152	−0.0075	0.0139
G011	G023	5355.4625	8649.9445	−6026.4553	0.0302	0.0374	0.0353	−0.0216	−0.0092	0.0197
G024	G025	5065.5300	3650.4087	−841.5295	0.0300	0.0584	0.0649	−0.0191	−0.0099	0.0324
G022	G026	2546.7824	5248.7778	−4036.9445	0.0033	0.0145	0.0152	−0.0031	−0.0027	0.0114
G022	G026	2546.7843	5248.7802	−4036.9381	0.0097	0.0131	0.0171	−0.0077	−0.0071	0.0115

起点	终点	DX(m)	DY(m)	DZ(m)	DX方差	DY方差	DZ方差	XY协方差	XZ协方差	YZ协方差
G022	G023	5970.8640	−2512.2292	5808.3643	0.0084	0.0244	0.0116	−0.0106	−0.0054	0.0101
G021	G025	19307.4166	6837.9939	3789.4986	0.0241	0.0425	0.0588	−0.0251	−0.0255	0.0338
G011	G025	16076.6609	15298.9760	−6727.9565	0.0163	0.0378	0.0277	−0.0189	−0.0125	0.0199
G011	G025	16076.6564	15298.9950	−6727.9412	0.0166	0.0280	0.0351	−0.0101	−0.0055	0.0163
G022	G025	16692.0593	4136.8006	5106.8556	0.0096	0.0222	0.0164	−0.0112	−0.0074	0.0117
G027	G028	−5844.5381	−4175.4601	1112.5646	0.0296	0.0719	0.0882	−0.0274	−0.0283	0.0661
G027	G028	−5844.5361	−4175.4552	1112.5741	0.0267	0.0482	0.0654	−0.0282	−0.0285	0.0381
G022	G028	−19281.0468	2488.7262	−13067.1275	0.0273	0.0494	0.0648	−0.0286	−0.0278	0.0380
G022	G027	−13436.5116	6664.2067	−14179.6810	0.0033	0.0186	0.0176	−0.0033	−0.0030	0.0149
G022	G027	−13436.5102	6664.2095	−14179.6827	0.0107	0.0144	0.0179	−0.0084	−0.0077	0.0123
G029	G027	−12240.8695	−389.8146	−7186.2495	0.0103	0.0138	0.0176	−0.0080	−0.0074	0.0119
G022	G029	−1195.6395	7054.0223	−6993.4350	0.0078	0.0105	0.0132	−0.0061	−0.0055	0.0089
G030	G028	−2486.3955	−6132.4049	4806.3136	0.0948	0.3099	0.2858	−0.1633	−0.1582	0.2897
G027	G030	−3358.1421	1956.9273	−3693.7613	0.0044	0.0141	0.0172	−0.0038	−0.0025	0.0106
G030	G002	−15314.4439	−5155.4143	−3302.5765	0.0084	0.0330	0.0202	−0.0086	−0.0080	0.0190
G021	G028	−16665.6841	5189.9306	−14384.4665	0.0155	0.0316	0.0321	−0.0170	−0.0139	0.0202
G028	G002	−12828.0453	976.9922	−8108.8953	0.0099	0.0342	0.0217	−0.0100	−0.0093	0.0195
G021	G027	−10821.1460	9365.3838	−15497.0447	0.0186	0.0329	0.0451	−0.0195	−0.0198	0.0264
G026	G029	−3742.4244	1805.2422	−2956.4968	0.0086	0.0114	0.0148	−0.0067	−0.0062	0.0099
G026	G031	4991.3331	6375.0763	−3701.1541	0.0308	0.0614	0.0732	−0.0308	−0.0312	0.0582
G029	G032	−1229.4740	4910.8241	−6669.2142	0.0129	0.0176	0.0222	−0.0101	−0.0093	0.0151
G032	G031	9963.2427	−341.0082	5924.5360	0.0286	0.0487	0.0577	−0.0284	−0.0235	0.0364
G026	G032	−4971.8960	6716.0650	−9625.7097	0.0063	0.0273	0.0283	−0.0060	−0.0051	0.0213
G026	G032	−4971.8977	6716.0657	−9625.7125	0.0180	0.0238	0.0296	−0.0140	−0.0127	0.0202
G031	G033	−1261.7086	5772.7892	−6769.6093	0.0209	0.0384	0.0480	−0.0218	−0.0200	0.0286
G033	G034	6980.7175	−1753.9935	5621.0933	0.0116	0.0205	0.0232	−0.0103	−0.0099	0.0180
G033	G034	6980.7144	−1753.9872	5621.1077	0.0171	0.0314	0.0394	−0.0179	−0.0165	0.0235
G032	G033	8701.5373	5431.7796	−845.0767	0.0299	0.0525	0.0647	−0.0299	−0.0256	0.0389
G034	G032	−15682.2500	−3677.7965	−4776.0354	0.0267	0.0461	0.0504	−0.0269	−0.0211	0.0341
G034	G031	−5719.0120	−4018.7955	1148.5164	0.0120	0.0280	0.0194	−0.0140	−0.0088	0.0147
G033	G035	4041.3816	5210.5009	−1895.8935	0.0107	0.0177	0.0208	−0.0094	−0.0091	0.0159

136

起点	终点	DX(m)	DY(m)	DZ(m)	DX 方差	DY 方差	DZ 方差	XY 协方差	XZ 协方差	YZ 协方差
G035	G036	202.4681	1797.9849	−2420.0389	0.0047	0.0078	0.0092	−0.0041	−0.0040	0.0070
G037	G036	7381.7326	2617.9869	1906.1780	0.0184	0.0353	0.0402	−0.0178	−0.0176	0.0324
G035	G037	−7179.2657	−819.9971	−4326.2105	0.0173	0.0332	0.0382	−0.0166	−0.0164	0.0305
G034	G035	−2939.3340	6964.4940	−7516.9881	0.0089	0.0153	0.0176	−0.0079	−0.0076	0.0136
G033	G037	−3137.8828	4390.5020	−6222.1048	0.0223	0.0438	0.0493	−0.0219	−0.0215	0.0401
G030	G037	19933.2102	13166.0145	−2856.3946	0.0831	0.2795	0.2562	−0.1452	−0.1403	0.2607
G028	G031	26819.1664	9135.1231	5329.0365	0.0800	0.1867	0.2221	−0.0761	−0.0797	0.1727
G028	G026	21827.8298	2760.0585	9030.1992	0.0475	0.1102	0.1279	−0.0448	−0.0463	0.1006
G028	G037	22419.6064	19298.4191	−7662.7099	0.0850	0.2869	0.2623	−0.1494	−0.1438	0.2675
G031	G027	−20974.6309	−4959.6575	−6441.5996	0.0232	0.0381	0.0718	−0.0157	−0.0104	0.0306
G027	G031	20974.6311	4959.6603	6441.5965	0.0479	0.1099	0.1325	−0.0474	−0.0484	0.1034
G027	G026	15983.2931	−1415.4041	10142.7607	0.0374	0.0838	0.0991	−0.0364	−0.0366	0.0778
G026	G027	−15983.2945	1415.4280	−10142.7382	0.0036	0.0193	0.0205	−0.0034	−0.0030	0.0162
G026	G027	−15983.2939	1415.4283	−10142.7460	0.0129	0.0171	0.0210	−0.0100	−0.0089	0.0143
G032	G027	−11011.3986	−5300.6374	−517.0292	0.0056	0.0321	0.0303	−0.0056	−0.0051	0.0257
G025	G031	−9153.9356	7487.0466	−12844.9519	0.0366	0.1388	0.0696	−0.0600	−0.0376	0.0745
G011	G031	6922.7228	22786.0321	−19572.9029	0.0234	0.0885	0.0405	−0.0363	−0.0196	0.0419
G020	G038	2065.6268	4672.6069	−3589.7584	0.0188	0.0255	0.0320	−0.0149	−0.0141	0.0222
G038	G025	−10840.0964	−5651.5476	131.8416	0.0074	0.0140	0.0142	−0.0079	−0.0064	0.0097
G020	G025	−8774.4816	−978.9341	−3457.9144	0.0143	0.0299	0.0238	−0.0159	−0.0108	0.0176
G038	G018	9551.6896	−6098.3123	11644.1835	0.0181	0.0247	0.0308	−0.0146	−0.0138	0.0217
G038	G018	9551.6873	−6098.3082	11644.1820	0.0167	0.0505	0.0225	−0.0188	−0.0088	0.0223
G038	G018	9551.6938	−6098.3145	11644.1900	0.0301	0.0569	0.0588	−0.0321	−0.0263	0.0391
G039	G018	−2210.4961	−17714.1942	17199.7165	0.0328	0.0586	0.0681	−0.0340	−0.0295	0.0438
G039	G038	−11762.1865	−11615.8826	5555.5256	0.0123	0.0217	0.0245	−0.0127	−0.0107	0.0161
G034	G040	5288.4893	6376.5457	−3591.4140	0.0074	0.0332	0.0361	−0.0069	−0.0053	0.0265
G036	G040	8025.3381	−2385.9128	6345.6444	0.0164	0.0526	0.0314	−0.0160	−0.0138	0.0277
G036	G040	8025.3506	−2385.9334	6345.6084	0.0071	0.0304	0.0335	−0.0064	−0.0049	0.0242
G041	G040	−6565.6554	−5747.4547	2235.0247	0.0449	0.1266	0.0898	−0.0412	−0.0331	0.0632
G042	G034	−12838.9984	−5459.6681	−1440.7244	0.0584	0.2297	0.2000	−0.1097	−0.1036	0.2088
G038	G042	−1436.0280	11313.9734	−12420.9136	0.0357	0.1329	0.1220	−0.0649	−0.0628	0.1234

起点	终点	DX(m)	DY(m)	DZ(m)	DX方差	DY方差	DZ方差	XY协方差	XZ协方差	YZ协方差
G038	G034	−14275.0225	5854.2999	−13861.6437	0.0304	0.1138	0.1034	−0.0555	−0.0536	0.1053
G036	G041	14590.9859	3361.5700	4110.6173	0.0204	0.0403	0.0381	−0.0165	−0.0125	0.0244
G042	G043	13654.2718	12260.7757	−4335.4049	0.0087	0.0362	0.0293	−0.0094	−0.0095	0.0253
G039	G043	456.0415	11958.8459	−11200.8649	0.0063	0.0266	0.0215	−0.0068	−0.0068	0.0186
G043	G044	−4186.6926	1537.2328	−4467.0259	0.0248	0.0839	0.0354	−0.0320	−0.0151	0.0351
G041	G044	10452.4572	7133.5861	−1535.3428	0.0128	0.0242	0.0263	−0.0099	−0.0073	0.0153
G045	G044	−9922.6969	−10766.2601	5466.1917	0.0224	0.0823	0.0287	−0.0321	−0.0136	0.0306
G045	G043	−5736.0054	−12303.4868	9933.2232	0.0163	0.0601	0.0195	−0.0234	−0.0097	0.0222
G038	G043	12218.2555	23574.7219	−16756.3420	0.0053	0.0225	0.0184	−0.0058	−0.0059	0.0159
G039	G025	−22602.2840	−17267.4281	5687.3688	0.0139	0.0240	0.0282	−0.0143	−0.0126	0.0185
G034	G043	26493.2863	17720.4075	−2894.7147	0.0068	0.0283	0.0230	−0.0074	−0.0074	0.0199
G030	G046	8073.2779	10597.5294	−6689.0608	0.0102	0.0454	0.0308	−0.0110	−0.0110	0.0290
G002	G046	23387.7220	15752.9428	−3386.4848	0.0092	0.0336	0.0230	−0.0095	−0.0095	0.0205
G037	G046	−11859.9268	−2568.4925	−3832.6782	0.0081	0.0298	0.0208	−0.0084	−0.0084	0.0184
G047	G041	5351.7502	−4202.9179	7269.6570	0.0145	0.0290	0.0274	−0.0119	−0.0090	0.0176
G047	G036	−9239.2642	−7564.4349	3159.0876	0.0938	0.2967	0.2493	−0.1614	−0.1474	0.2662
G048	G047	−15053.2373	−8427.4386	196.7085	0.0307	0.1164	0.1116	−0.0567	−0.0553	0.1106
G048	G044	750.9929	−5496.7684	5931.0073	0.0911	0.3300	0.3377	−0.1655	−0.1643	0.3214
G048	G045	10673.6796	5269.5113	464.8245	0.0363	0.1349	0.0431	−0.0525	−0.0218	0.0496
G045	G049	−9000.4161	1497.8494	−5927.3108	0.0298	0.1262	0.1236	−0.0580	−0.0569	0.1221
G047	G049	16726.4683	15194.8429	−5659.1446	0.0260	0.1122	0.1104	−0.0514	−0.0505	0.1087
G003	G049	−21204.9265	−28302.3214	18784.3531	0.0040	0.0173	0.0187	−0.0036	−0.0027	0.0136
G047	G003	37931.4217	43497.1134	−24443.5495	0.0039	0.0163	0.0178	−0.0035	−0.0027	0.0128
G045	G003	12204.5129	29800.1634	−24711.6728	0.0052	0.0239	0.0260	−0.0047	−0.0036	0.0193

表 5-11　　　　测距仪边长观测值(已改化到 WRS80 椭球面对应的高斯平面)

起点	终点	边长(m)	中误差(cm)
G009	G008	5777.870	0.7
G006	G009	11137.620	1.2
G005	G009	15876.533	1.7
G004	G009	8852.834	1.0
G008	G004	8881.260	1.0
G008	G007	10113.042	1.1

起点	终点	边长(m)	中误差(cm)
G008	G010	12716.388	1.4
G010	G007	13706.221	1.5
G009	G010	13738.961	1.5

表 5-12　　**CGCS2000 坐标系已知点坐标(WRS80 椭球,中央子午线经度为 117 度)**

点名	x	y
G001	4479943.985	586643.075
G002	4396016.057	629180.702
G003	4361660.163	516480.109

答案:

①WGS84 坐标系三维无约束平差。

GPS 三维网平差结果

多余观测数 = 　297

已知点数 = 　1

总点数 = 　49

GPS 三维基线向量数 = 　147

中央子午线 = 117.000000000(dms)

椭球长轴 = 6378137.000(m)

椭球扁率分母 = 298.257223563

PVV = 　435.860(cm^2)

$M0$ = 　1.211(cm)

已知坐标(X,Y,Z)

No.	Name	X(m)	Y(m)	Z(m)
1	G025	−2297213.6540	4320430.5156	4078390.5284

平差后坐标(X,Y,Z)

No.	Name	X(m)	Y(m)	Z(m)	Mx(cm)	My(cm)	Mz(cm)	Mp(cm)
1	G025	−2297213.6540	4320430.5156	4078390.5284				
2	G004	−2300025.5567	4294216.8492	4103411.4229	0.36	0.60	0.60	0.92
3	G005	−2296575.1774	4289906.9503	4109689.5527	0.59	0.86	0.86	1.35
4	G006	−2292347.8592	4295265.9292	4106468.5301	0.50	0.84	0.85	1.29
5	G007	−2284033.1739	4299615.2375	4106440.5150	0.47	0.80	0.80	1.23
6	G001	−2283388.0260	4290570.7318	4115977.3347	0.58	0.89	0.90	1.39
7	G008	−2293031.2145	4299454.3405	4101827.3149	0.42	0.72	0.73	1.11

		平差后坐标(X,Y,Z)						
No.	Name	X(m)	Y(m)	Z(m)	Mx(cm)	My(cm)	Mz(cm)	Mp(cm)
8	G009	-2297284.0530	4300787.0234	4098150.6842	0.41	0.69	0.69	1.06
9	G010	-2286105.6624	4308543.3275	4096249.6244	0.40	0.67	0.67	1.03
10	G011	-2313290.3144	4305131.5305	4085118.4782	0.31	0.47	0.45	0.72
11	G012	-2313509.6727	4300943.2241	4089356.3866	0.50	0.93	0.91	1.39
12	G013	-2298138.3899	4308525.5891	4089986.1328	0.52	0.79	0.77	1.22
13	G014	-2303721.0591	4305774.4498	4089661.2751	0.40	0.69	0.69	1.05
14	G015	-2289903.2004	4312457.4436	4090242.5138	0.37	0.59	0.61	0.93
15	G016	-2302472.5371	4311595.8791	4084360.9941	0.34	0.55	0.54	0.84
16	G017	-2282772.0066	4316328.3736	4090103.3569	0.48	0.72	0.72	1.13
17	G018	-2276821.8621	4319983.7505	4089902.8700	0.37	0.56	0.55	0.87
18	G019	-2285775.8796	4318415.8896	4086333.9864	0.46	0.82	0.81	1.24
19	G020	-2288439.1766	4321409.4593	4081848.4496	0.35	0.53	0.53	0.82
20	G021	-2316521.0721	4313592.5130	4074601.0150	0.33	0.48	0.46	0.75
21	G022	-2313905.7163	4316293.7150	4073283.6698	0.31	0.46	0.44	0.71
22	G023	-2307934.8511	4313781.4772	4079092.0264	0.39	0.58	0.51	0.87
23	G024	-2302279.1889	4316780.1162	4079232.0601	0.55	0.77	0.75	1.20
24	G026	-2311358.9331	4321542.4957	4069246.7300	0.35	0.52	0.52	0.81
25	G027	-2327342.2276	4322957.9189	4059103.9847	0.34	0.51	0.50	0.79
26	G028	-2333186.7666	4318782.4498	4060216.5488	0.43	0.65	0.65	1.01
27	G029	-2315101.3569	4323347.7372	4066290.2342	0.41	0.56	0.57	0.90
28	G030	-2330700.3702	4324914.8461	4055410.2272	0.42	0.71	0.68	1.07
29	G002	-2346014.8139	4319759.4353	4052107.6518	0.49	0.84	0.75	1.24
30	G031	-2306367.5936	4327917.5706	4065545.5716	0.38	0.60	0.56	0.90
31	G032	-2316330.8301	4328258.5650	4059621.0207	0.38	0.58	0.58	0.90
32	G033	-2307629.2965	4333690.3601	4058775.9509	0.44	0.66	0.66	1.03
33	G034	-2300648.5834	4331936.3716	4064397.0499	0.37	0.60	0.57	0.90
34	G035	-2303587.9122	4338900.8632	4056880.0592	0.45	0.69	0.68	1.07
35	G036	-2303385.4428	4340698.8484	4054460.0211	0.46	0.73	0.71	1.12
36	G037	-2310767.1688	4338080.8640	4052553.8436	0.47	0.76	0.74	1.16
37	G038	-2286373.5555	4326082.0631	4078258.6848	0.30	0.44	0.44	0.69
38	G039	-2274611.3555	4337697.9339	4072703.1689	0.38	0.54	0.56	0.86

No.	Name	X(m)	Y(m)	Z(m)	Mx(cm)	My(cm)	Mz(cm)	Mp(cm)
			平差后坐标(X,Y,Z)					
39	G040	−2295360.0957	4338312.9260	4060805.6461	0.48	0.84	0.81	1.26
40	G041	−2288794.4519	4344060.4135	4058570.6360	0.59	0.93	0.85	1.39
41	G042	−2287809.5740	4337396.0157	4065837.7493	0.52	0.95	0.90	1.40
42	G043	−2274155.3026	4349656.7827	4061502.3295	0.36	0.61	0.57	0.91
43	G044	−2278341.9914	4351194.0074	4057035.2960	0.59	0.99	0.83	1.42
44	G045	−2268419.2990	4361960.2777	4051569.1054	0.57	0.98	0.80	1.38
45	G046	−2322627.0934	4335512.3748	4048721.1662	0.50	0.87	0.79	1.27
46	G047	−2294146.2052	4348263.3259	4051300.9781	0.60	1.02	0.91	1.49
47	G048	−2279092.9751	4356690.7713	4051104.2791	0.75	1.33	1.19	1.93
48	G049	−2277419.7150	4363458.1251	4045641.7912	0.64	1.15	1.04	1.68
49	G003	−2256214.7860	4391760.4424	4026857.4331	0.60	1.06	0.95	1.54

最弱点

No.	Name	MX(cm)	MY(cm)	MZ(cm)	MP(cm)
47	G048	0.75	1.33	1.19	1.93

平差后边长及精度

No.	FROM	TO	S(m)	MS(cm)	MS:S	ppm
1	G004	G005	8360.339	0.37	1/2255000	0.44
2	G006	G005	7547.441	0.25	1/3018000	0.33
3	G005	G006	7547.441	0.25	1/3018000	0.33
4	G006	G004	8330.277	0.20	1/4168000	0.24
5	G006	G007	9383.563	0.24	1/3909000	0.26
6	G006	G001	13883.114	0.35	1/3937000	0.25
7	G005	G007	16189.779	0.31	1/5293000	0.19
8	G001	G007	13159.416	0.33	1/3954000	0.25
9	G005	G001	14624.561	0.41	1/3593000	0.28
10	G006	G008	6288.930	0.22	1/2912000	0.34
11	G009	G008	5777.568	0.18	1/3255000	0.31
12	G008	G009	5777.568	0.18	1/3255000	0.31
13	G006	G009	11137.102	0.23	1/4938000	0.20
14	G005	G009	15875.263	0.32	1/4900000	0.20
15	G004	G009	8852.028	0.17	1/5217000	0.19

			平差后边长及精度			
No.	FROM	TO	S(m)	MS(cm)	MS:S	ppm
16	G008	G004	8880.402	0.15	1/5809000	0.17
17	G008	G007	10112.974	0.25	1/3967000	0.25
18	G008	G010	12715.486	0.20	1/6226000	0.16
19	G010	G007	13706.212	0.28	1/4944000	0.20
20	G009	G010	13737.929	0.20	1/6833000	0.15
21	G011	G012	5962.373	0.26	1/2321000	0.43
22	G012	G004	20606.056	0.30	1/6912000	0.14
23	G011	G004	25094.141	0.23	1/10729000	0.09
24	G013	G014	6232.214	0.31	1/2024000	0.49
25	G012	G014	10920.195	0.26	1/4201000	0.24
26	G014	G009	11763.483	0.27	1/4421000	0.23
27	G013	G015	9129.269	0.32	1/2852000	0.35
28	G008	G015	17693.863	0.25	1/6974000	0.14
29	G009	G015	15912.726	0.23	1/7006000	0.14
30	G010	G015	8113.383	0.28	1/2914000	0.34
31	G013	G016	7736.517	0.38	1/2054000	0.49
32	G011	G014	10612.304	0.20	1/5244000	0.19
33	G011	G016	12624.812	0.15	1/8455000	0.12
34	G014	G016	7971.250	0.20	1/4055000	0.25
35	G016	G015	13904.057	0.24	1/5700000	0.18
36	G004	G014	18338.523	0.22	1/8248000	0.12
37	G004	G014	18338.523	0.22	1/8248000	0.12
38	G004	G016	25902.456	0.21	1/12184000	0.08
39	G015	G017	8115.257	0.31	1/2660000	0.38
40	G010	G017	10464.072	0.26	1/4021000	0.25
41	G017	G018	6986.143	0.30	1/2292000	0.44
42	G019	G015	8234.952	0.36	1/2272000	0.44
43	G019	G017	5252.536	0.42	1/1241000	0.81
44	G019	G020	6014.537	0.39	1/1533000	0.65
45	G015	G020	12358.894	0.27	1/4595000	0.22
46	G020	G018	14208.038	0.28	1/5102000	0.20

平差后边长及精度						
No.	FROM	TO	S(m)	MS(cm)	MS:S	ppm
47	G019	G018	9765.733	0.38	1/2595000	0.39
48	G010	G018	16042.242	0.22	1/7277000	0.14
49	G016	G020	17307.641	0.19	1/9117000	0.11
50	G011	G021	13879.591	0.28	1/5013000	0.20
51	G022	G021	3983.965	0.12	1/3440000	0.29
52	G021	G022	3983.965	0.12	1/3440000	0.29
53	G022	G011	16279.919	0.25	1/6496000	0.15
54	G023	G016	7897.831	0.33	1/2384000	0.42
55	G024	G023	6402.965	0.42	1/1532000	0.65
56	G024	G016	7295.181	0.46	1/1594000	0.63
57	G021	G023	9691.650	0.25	1/3928000	0.25
58	G011	G023	11824.580	0.26	1/4535000	0.22
59	G024	G025	6300.257	0.40	1/1586000	0.63
60	G022	G026	7094.553	0.15	1/4868000	0.21
61	G022	G026	7094.553	0.15	1/4868000	0.21
62	G022	G023	8700.550	0.28	1/3092000	0.32
63	G021	G025	20830.149	0.20	1/10667000	0.09
64	G011	G025	23190.154	0.19	1/11989000	0.08
65	G011	G025	23190.154	0.19	1/11989000	0.08
66	G022	G025	17939.288	0.19	1/9339000	0.11
67	G027	G028	7268.492	0.20	1/3551000	0.28
68	G027	G028	7268.492	0.20	1/3551000	0.28
69	G022	G028	23424.397	0.24	1/9800000	0.10
70	G022	G027	20640.129	0.16	1/12565000	0.08
71	G022	G027	20640.129	0.16	1/12565000	0.08
72	G029	G027	14199.756	0.23	1/6276000	0.16
73	G022	G029	10004.845	0.19	1/5154000	0.19
74	G030	G028	8178.580	0.26	1/3097000	0.32
75	G027	G030	5361.952	0.27	1/1982000	0.50
76	G030	G002	16492.952	0.28	1/5973000	0.17
77	G021	G028	22618.437	0.26	1/8552000	0.12

		平差后边长及精度			
No.	FROM	TO	S(m)	MS(cm)	MS:S	ppm

No.	FROM	TO	S(m)	MS(cm)	MS:S	ppm
78	G028	G002	15207.482	0.26	1/5814000	0.17
79	G021	G027	21094.222	0.21	1/10015000	0.10
80	G026	G029	5099.559	0.23	1/2202000	0.45
81	G026	G031	8902.450	0.23	1/3907000	0.26
82	G029	G032	8372.947	0.25	1/3358000	0.30
83	G032	G031	11596.666	0.29	1/4055000	0.25
84	G026	G032	12746.750	0.22	1/5735000	0.17
85	G026	G032	12746.750	0.22	1/5735000	0.17
86	G031	G033	8985.809	0.31	1/2883000	0.35
87	G033	G034	9132.556	0.23	1/3975000	0.25
88	G033	G034	9132.556	0.23	1/3975000	0.25
89	G032	G033	10292.484	0.26	1/4001000	0.25
90	G034	G032	16800.880	0.26	1/6512000	0.15
91	G034	G031	7083.568	0.21	1/3325000	0.30
92	G033	G035	6861.234	0.21	1/3225000	0.31
93	G035	G036	3021.643	0.21	1/1409000	0.71
94	G037	G036	8060.846	0.29	1/2805000	0.36
95	G035	G037	8422.011	0.29	1/2900000	0.34
96	G034	G035	10660.626	0.22	1/4906000	0.20
97	G033	G037	8236.345	0.28	1/2983000	0.34
98	G030	G037	24059.000	0.26	1/9419000	0.11
99	G028	G031	28829.099	0.27	1/10606000	0.09
100	G028	G026	23782.690	0.25	1/9680000	0.10
101	G028	G037	30557.883	0.26	1/11871000	0.08
102	G031	G027	22495.054	0.24	1/9395000	0.11
103	G027	G031	22495.054	0.24	1/9395000	0.11
104	G027	G026	18982.740	0.17	1/11024000	0.09
105	G026	G027	18982.740	0.17	1/11024000	0.09
106	G026	G027	18982.740	0.17	1/11024000	0.09
107	G032	G027	12231.723	0.20	1/6141000	0.16
108	G025	G031	17459.769	0.31	1/5649000	0.18

		平差后边长及精度				
No.	FROM	TO	S(m)	MS(cm)	MS:S	ppm
109	G011	G031	30825.742	0.29	1/10492000	0.10
110	G020	G038	6243.911	0.23	1/2690000	0.37
111	G038	G025	12225.592	0.18	1/6912000	0.14
112	G020	G025	9481.930	0.25	1/3842000	0.26
113	G038	G018	16248.425	0.25	1/6401000	0.16
114	G038	G018	16248.425	0.25	1/6401000	0.16
115	G038	G018	16248.425	0.25	1/6401000	0.16
116	G039	G018	24789.279	0.32	1/7859000	0.13
117	G039	G038	17439.655	0.22	1/8034000	0.12
118	G034	G040	9029.215	0.31	1/2959000	0.34
119	G036	G040	10505.512	0.29	1/3601000	0.28
120	G036	G040	10505.512	0.29	1/3601000	0.28
121	G041	G040	9007.584	0.41	1/2180000	0.46
122	G042	G034	14025.815	0.24	1/5858000	0.17
123	G038	G042	16862.601	0.25	1/6842000	0.15
124	G038	G034	20741.125	0.18	1/11466000	0.09
125	G036	G041	15527.211	0.35	1/4422000	0.23
126	G042	G043	18856.336	0.29	1/6519000	0.15
127	G039	G043	16391.487	0.28	1/5792000	0.17
128	G043	G044	6312.354	0.41	1/1524000	0.66
129	G041	G044	12747.524	0.33	1/3844000	0.26
130	G045	G044	15628.552	0.35	1/4442000	0.23
131	G045	G043	16821.019	0.39	1/4364000	0.23
132	G038	G043	31397.907	0.23	1/13420000	0.07
133	G039	G025	29006.442	0.23	1/12789000	0.08
134	G034	G043	32004.473	0.23	1/13811000	0.07
135	G030	G046	14907.346	0.34	1/4388000	0.23
136	G002	G046	28400.860	0.34	1/8324000	0.12
137	G037	G046	12725.736	0.27	1/4676000	0.21
138	G047	G041	9957.593	0.39	1/2566000	0.39
139	G047	G036	12351.696	0.29	1/4307000	0.23

平差后边长及精度

No.	FROM	TO	S(m)	MS(cm)	MS:S	ppm
140	G048	G047	17252.834	0.24	1/7158000	0.14
141	G048	G044	8121.290	0.42	1/1948000	0.51
142	G048	G045	11912.645	0.30	1/4026000	0.25
143	G045	G049	10880.445	0.24	1/4565000	0.22
144	G047	G049	23295.575	0.21	1/11073000	0.09
145	G003	G049	40044.004	0.22	1/18064000	0.06
146	G047	G003	62675.981	0.23	1/27213000	0.04
147	G045	G003	40591.461	0.26	1/15721000	0.06

最弱边

No.	FROM	TO	S(m)	MS(cm)	MS:S	ppm
43	G019	G017	5252.536	0.42	1/1241000	0.81

②CGCS2000 坐标系二维联合平差。

GPS 二维联合平差结果

多余观测数 = 209
已知点数 = 3
总点数 = 49
GPS 基线向量数 = 147
地面边长数 = 9
地面方位角数 = 0
中央子午线 = 117.000000000(dms)
椭球长轴 = 6378137.000(m)
椭球扁率分母 = 298.257222101
PVV = 63.528(cm^2)
M0 = 0.551(cm)

平差坐标(X,Y)

No.	Name	X(m)	Y(m)	Mx(cm)	My(cm)	Mp(cm)
1	G001	4479943.9850	586643.0750			
2	G002	4396016.0570	629180.7020			
3	G003	4361660.1630	516480.1090			
4	G004	4463371.7081	599810.7354	0.32	0.26	0.41
5	G005	4471657.7349	598693.9695	0.39	0.33	0.51

		平差坐标(X,Y)				
No.	Name	X(m)	Y(m)	Mx(cm)	My(cm)	Mp(cm)
6	G006	4467353.5443	592493.1454	0.30	0.25	0.40
7	G007	4467267.1427	583109.3328	0.31	0.28	0.42
8	G008	4461198.8146	591199.3869	0.31	0.26	0.40
9	G009	4456377.5308	594383.5699	0.31	0.26	0.40
10	G010	4453740.1364	580900.1314	0.32	0.28	0.42
11	G011	4439233.3606	606670.6928	0.32	0.26	0.41
12	G012	4444815.0622	608768.2552	0.40	0.35	0.53
13	G013	4445439.9422	591627.3805	0.49	0.38	0.62
14	G014	4445137.9549	597852.3831	0.34	0.28	0.44
15	G015	4445787.7021	582505.3940	0.35	0.29	0.46
16	G016	4438107.3178	594095.4929	0.31	0.25	0.40
17	G017	4445544.9407	574393.4960	0.40	0.37	0.54
18	G018	4445033.4515	567429.4460	0.34	0.30	0.46
19	G019	4440585.0268	576121.7632	0.46	0.43	0.63
20	G020	4434656.9695	577134.7303	0.34	0.29	0.45
21	G021	4425386.9578	605705.9907	0.32	0.25	0.41
22	G022	4423593.9604	602148.2378	0.29	0.24	0.38
23	G023	4431224.9658	597969.9685	0.39	0.30	0.49
24	G024	4431265.2215	591567.3506	0.57	0.46	0.73
25	G025	4430008.0680	585394.6196	0.32	0.25	0.41
26	G026	4418238.5498	597494.8657	0.31	0.27	0.40
27	G027	4404993.7056	611091.2279	0.29	0.26	0.39
28	G028	4406531.4785	618195.3294	0.28	0.26	0.38
29	G029	4413849.2028	599999.5184	0.33	0.30	0.45
30	G030	4400063.9482	613191.9728	0.26	0.26	0.37
31	G031	4413209.2041	590150.4753	0.34	0.28	0.44
32	G032	4405567.7483	598873.2008	0.33	0.29	0.45
33	G033	4404349.2853	588653.2589	0.32	0.29	0.43
34	G034	4411696.7022	583230.8055	0.28	0.25	0.38
35	G035	4401096.3897	582675.2931	0.29	0.28	0.41
36	G036	4398270.4329	581683.8097	0.30	0.28	0.40

平差坐标(X,Y)

No.	Name	X(m)	Y(m)	Mx(cm)	My(cm)	Mp(cm)
37	G037	4396153.4169	589454.0092	0.27	0.27	0.38
38	G038	4429833.6237	573171.2934	0.30	0.26	0.39
39	G039	4422357.9331	557416.1439	0.37	0.31	0.49
40	G040	4406837.6431	575621.9790	0.40	0.36	0.54
41	G041	4403750.7842	567161.3843	0.44	0.36	0.57
42	G042	4413420.5562	569311.8436	0.35	0.32	0.47
43	G043	4407065.2305	551574.3288	0.32	0.28	0.43
44	G044	4401540.5745	554609.0916	0.45	0.33	0.56
45	G045	4394085.9462	540879.5925	0.30	0.24	0.38
46	G046	4391227.2712	601186.5146	0.30	0.31	0.43
47	G047	4394214.3499	570020.2009	0.28	0.25	0.38
48	G048	4393632.1360	552781.0599	0.38	0.31	0.49
49	G049	4386065.1057	548214.4386	0.27	0.23	0.36

最弱点

No.	Name	MX(cm)	MY(cm)	MP(cm)
24	G024	0.57	0.46	0.73

平差后方位角、边长及精度

No.	FROM	TO	A(dms)	MA(s)	S(m)	MS(cm)	MS:S	ppm
1	G004	G005	352.19268	0.07	8360.9453	0.36	1/2317000	0.43
2	G006	G005	55.14033	0.10	7548.2632	0.25	1/2969000	0.34
3	G005	G006	235.14033	0.10	7548.2632	0.25	1/2969000	0.34
4	G006	G004	118.33095	0.05	8330.7949	0.20	1/4169000	0.24
5	G006	G007	269.28209	0.06	9384.2104	0.24	1/3833000	0.26
6	G006	G001	335.04421	0.04	13883.1740	0.31	1/4499000	0.22
7	G005	G007	254.15580	0.05	16191.3002	0.32	1/5099000	0.20
8	G001	G007	195.34340	0.05	13160.1545	0.30	1/4352000	0.23
9	G005	G001	304.30453	0.05	14624.8419	0.39	1/3762000	0.27
10	G006	G008	191.52158	0.06	6289.2375	0.21	1/2956000	0.34
11	G009	G008	326.33270	0.05	5777.8715	0.16	1/3504000	0.29
12	G008	G009	146.33270	0.05	5777.8715	0.16	1/3504000	0.29
13	G006	G009	170.13397	0.03	11137.6199	0.21	1/5228000	0.19

No.	FROM	TO	A(dms)	MA(s)	S(m)	MS(cm)	MS:S	ppm
					平差后方位角、边长及精度			
14	G005	G009	195.45117	0.04	15876.5293	0.31	1/5165000	0.19
15	G004	G009	217.48354	0.04	8852.8324	0.17	1/5271000	0.19
16	G008	G004	75.50176	0.05	8881.2606	0.15	1/5822000	0.17
17	G008	G007	306.52245	0.05	10113.0402	0.24	1/4170000	0.24
18	G008	G010	234.05172	0.04	12716.3888	0.20	1/6346000	0.16
19	G010	G007	9.16319	0.04	13706.2201	0.26	1/5296000	0.19
20	G009	G010	258.55571	0.04	13738.9579	0.20	1/6806000	0.15
21	G011	G012	20.35451	0.10	5962.8149	0.27	1/2245000	0.45
22	G012	G004	334.13582	0.03	20605.4912	0.32	1/6523000	0.15
23	G011	G004	344.08067	0.02	25094.1993	0.24	1/10448000	0.10
24	G013	G014	92.46385	0.14	6232.3233	0.32	1/1946000	0.51
25	G012	G014	271.41396	0.06	10920.6467	0.28	1/3943000	0.25
26	G014	G009	342.50545	0.04	11762.6839	0.27	1/4307000	0.23
27	G013	G015	272.10597	0.09	9128.6130	0.34	1/2695000	0.37
28	G008	G015	209.25444	0.03	17694.2900	0.26	1/6873000	0.15
29	G009	G015	228.16546	0.04	15913.3760	0.23	1/6850000	0.15
30	G010	G015	168.35159	0.06	8112.8343	0.29	1/2798000	0.36
31	G013	G016	161.23496	0.08	7736.8572	0.41	1/1882000	0.53
32	G011	G014	303.48202	0.04	10612.5784	0.22	1/4826000	0.21
33	G011	G016	264.52592	0.03	12625.5148	0.16	1/7865000	0.13
34	G014	G016	208.07057	0.05	7971.4541	0.21	1/3882000	0.26
35	G016	G015	303.31521	0.03	13903.9093	0.26	1/5342000	0.19
36	G004	G014	186.07488	0.02	18338.6178	0.23	1/7821000	0.13
37	G004	G014	186.07488	0.02	18338.6178	0.23	1/7821000	0.13
38	G004	G016	192.44483	0.02	25902.7684	0.22	1/11600000	0.09
39	G015	G017	268.17090	0.09	8115.5297	0.32	1/2554000	0.39
40	G010	G017	218.26531	0.06	10464.1070	0.27	1/3895000	0.26
41	G017	G018	265.47576	0.10	6982.8085	0.31	1/2228000	0.45
42	G019	G015	50.49116	0.11	8235.2033	0.37	1/2197000	0.46
43	G019	G017	340.47213	0.16	5252.3951	0.44	1/1187000	0.84
44	G019	G020	170.18113	0.13	6013.9808	0.41	1/1450000	0.69

			平差后方位角、边长及精度					
No.	FROM	TO	A(dms)	MA(s)	S(m)	MS(cm)	MS:S	ppm
45	G015	G020	205.45276	0.05	12358.6907	0.28	1/4424000	0.23
46	G020	G018	316.54515	0.04	14207.8824	0.30	1/4687000	0.21
47	G019	G018	297.06064	0.08	9764.4694	0.40	1/2459000	0.41
48	G010	G018	237.07252	0.04	16039.5052	0.23	1/7080000	0.14
49	G016	G020	258.30042	0.03	17308.1591	0.20	1/8468000	0.12
50	G011	G021	183.59076	0.03	13879.9683	0.28	1/4896000	0.20
51	G022	G021	63.15119	0.08	3984.0237	0.13	1/3160000	0.32
52	G021	G022	243.15119	0.08	3984.0237	0.13	1/3160000	0.32
53	G022	G011	16.07419	0.02	16280.1547	0.26	1/6377000	0.16
54	G023	G016	330.37203	0.07	7897.9954	0.34	1/2345000	0.43
55	G024	G023	90.21368	0.18	6402.7445	0.43	1/1483000	0.67
56	G024	G016	20.16451	0.13	7294.2296	0.47	1/1550000	0.65
57	G021	G023	307.02244	0.06	9691.6653	0.25	1/3808000	0.26
58	G011	G023	227.22215	0.05	11825.2691	0.27	1/4355000	0.23
59	G024	G025	258.29184	0.18	6299.4478	0.41	1/1538000	0.65
60	G022	G026	220.59158	0.05	7094.6666	0.15	1/4581000	0.22
61	G022	G026	220.59158	0.05	7094.6666	0.15	1/4581000	0.22
62	G022	G023	331.17514	0.06	8700.0102	0.29	1/2998000	0.33
63	G021	G025	282.49026	0.03	20830.4214	0.21	1/10064000	0.10
64	G011	G025	246.33305	0.02	23190.0262	0.21	1/11072000	0.09
65	G011	G025	246.33305	0.02	23190.0262	0.21	1/11072000	0.09
66	G022	G025	290.56575	0.03	17939.4677	0.20	1/8891000	0.11
67	G027	G028	77.47097	0.07	7268.6316	0.21	1/3407000	0.29
68	G027	G028	77.47097	0.07	7268.6316	0.21	1/3407000	0.29
69	G022	G028	136.45237	0.02	23423.0109	0.24	1/9672000	0.10
70	G022	G027	154.19184	0.02	20638.4726	0.18	1/11280000	0.09
71	G022	G027	154.19184	0.02	20638.4726	0.18	1/11280000	0.09
72	G029	G027	128.36125	0.03	14193.1621	0.24	1/5941000	0.17
73	G022	G029	192.26051	0.04	9978.8425	0.21	1/4859000	0.21
74	G030	G028	37.43334	0.06	8176.9508	0.27	1/2985000	0.33
75	G027	G030	156.55099	0.09	5358.6973	0.27	1/1955000	0.51

			平差后方位角、边长及精度					
No.	FROM	TO	A(dms)	MA(s)	S(m)	MS(cm)	MS:S	ppm
76	G030	G002	104.12257	0.03	16493.1769	0.24	1/6738000	0.15
77	G021	G028	146.28503	0.02	22616.6461	0.27	1/8463000	0.12
78	G028	G002	133.44523	0.04	15206.9885	0.24	1/6378000	0.16
79	G021	G027	165.12273	0.02	21092.3094	0.23	1/9224000	0.11
80	G026	G029	150.17241	0.08	5053.6771	0.23	1/2157000	0.46
81	G026	G031	235.35497	0.07	8901.3701	0.24	1/3684000	0.27
82	G029	G032	187.44419	0.06	8357.6958	0.25	1/3354000	0.30
83	G032	G031	311.13108	0.05	11596.4558	0.30	1/3816000	0.26
84	G026	G032	173.47303	0.03	12745.5490	0.24	1/5410000	0.18
85	G026	G032	173.47303	0.03	12745.5490	0.24	1/5410000	0.18
86	G031	G033	189.35300	0.06	8985.5338	0.32	1/2769000	0.36
87	G033	G034	323.34205	0.05	9131.6776	0.24	1/3844000	0.26
88	G033	G034	323.34205	0.05	9131.6776	0.24	1/3844000	0.26
89	G032	G033	263.12038	0.07	10292.3206	0.27	1/3806000	0.26
90	G034	G032	111.23459	0.04	16800.2562	0.27	1/6127000	0.16
91	G034	G031	77.40127	0.09	7083.0426	0.22	1/3223000	0.31
92	G033	G035	241.26502	0.08	6805.6892	0.22	1/3111000	0.32
93	G035	G036	199.20001	0.15	2994.8408	0.19	1/1578000	0.63
94	G037	G036	285.14258	0.06	8053.4314	0.28	1/2838000	0.35
95	G035	G037	126.05570	0.06	8389.5156	0.28	1/3004000	0.33
96	G034	G035	182.59595	0.04	10614.8584	0.22	1/4761000	0.21
97	G033	G037	174.25113	0.07	8234.8929	0.28	1/2923000	0.34
98	G030	G037	260.38429	0.02	24057.9129	0.26	1/9129000	0.11
99	G028	G031	283.23356	0.02	28828.9068	0.28	1/10441000	0.10
100	G028	G026	299.29246	0.02	23781.6046	0.26	1/9246000	0.11
101	G028	G037	250.08460	0.02	30557.6120	0.27	1/11127000	0.09
102	G031	G027	111.25160	0.03	22494.6557	0.25	1/8846000	0.11
103	G027	G031	291.25160	0.03	22494.6557	0.25	1/8846000	0.11
104	G027	G026	314.14589	0.02	18981.2266	0.20	1/9695000	0.10
105	G026	G027	134.14589	0.02	18981.2266	0.20	1/9695000	0.10
106	G026	G027	134.14589	0.02	18981.2266	0.20	1/9695000	0.10

			平差后方位角、边长及精度					
No.	FROM	TO	A(dms)	MA(s)	S(m)	MS(cm)	MS:S	ppm
107	G032	G027	92.41239	0.04	12231.5048	0.22	1/5472000	0.18
108	G025	G031	164.11344	0.03	17459.0949	0.33	1/5343000	0.19
109	G011	G031	212.24270	0.02	30824.8976	0.31	1/9886000	0.10
110	G020	G038	219.24382	0.09	6242.8756	0.24	1/2584000	0.39
111	G038	G025	89.10565	0.04	12224.5709	0.18	1/6621000	0.15
112	G020	G025	119.22194	0.06	9478.2940	0.26	1/3660000	0.27
113	G038	G018	339.18201	0.03	16248.1869	0.26	1/6187000	0.16
114	G038	G018	339.18201	0.03	16248.1869	0.26	1/6187000	0.16
115	G038	G018	339.18201	0.03	16248.1869	0.26	1/6187000	0.16
116	G039	G018	23.49329	0.03	24788.0083	0.33	1/7556000	0.13
117	G039	G038	64.36577	0.03	17438.7697	0.24	1/7375000	0.14
118	G034	G040	237.26145	0.08	9027.9950	0.31	1/2896000	0.35
119	G036	G040	324.43056	0.06	10494.8980	0.32	1/3325000	0.30
120	G036	G040	324.43056	0.06	10494.8980	0.32	1/3325000	0.30
121	G041	G040	69.57196	0.11	9006.1291	0.42	1/2160000	0.46
122	G042	G034	97.03363	0.04	14025.3047	0.25	1/5578000	0.18
123	G038	G042	193.13567	0.03	16860.7277	0.26	1/6581000	0.15
124	G038	G034	150.59074	0.02	20739.8579	0.19	1/10649000	0.09
125	G036	G041	290.40303	0.05	15522.0840	0.36	1/4324000	0.23
126	G042	G043	250.17149	0.03	18841.6984	0.29	1/6539000	0.15
127	G039	G043	200.54247	0.03	16370.5087	0.29	1/5693000	0.18
128	G043	G044	151.13100	0.13	6303.3014	0.44	1/1435000	0.70
129	G041	G044	260.00494	0.07	12745.3944	0.34	1/3710000	0.27
130	G045	G044	61.29586	0.06	15622.7600	0.35	1/4401000	0.23
131	G045	G043	39.29168	0.04	16817.8240	0.36	1/4669000	0.21
132	G038	G043	223.29150	0.01	31381.9791	0.24	1/12972000	0.08
133	G039	G025	74.42268	0.02	29005.5110	0.25	1/11553000	0.09
134	G034	G043	261.40352	0.02	31993.4844	0.25	1/12919000	0.08
135	G030	G046	233.38416	0.04	14906.9745	0.35	1/4204000	0.24
136	G002	G046	260.17339	0.02	28400.8274	0.33	1/8730000	0.11
137	G037	G046	112.46341	0.05	12724.7237	0.27	1/4664000	0.21

平差后方位角、边长及精度

No.	FROM	TO	A(dms)	MA(s)	S(m)	MS(cm)	MS:S	ppm
138	G047	G041	343.18447	0.07	9955.7226	0.40	1/2507000	0.40
139	G047	G036	70.49286	0.05	12348.7481	0.27	1/4509000	0.22
140	G048	G047	88.03565	0.04	17248.9697	0.25	1/6798000	0.15
141	G048	G044	13.00551	0.08	8116.9637	0.44	1/1847000	0.54
142	G048	G045	272.11012	0.07	11910.1164	0.31	1/3874000	0.26
143	G045	G049	137.33285	0.04	10868.9397	0.27	1/4025000	0.25
144	G047	G049	249.30298	0.02	23278.7769	0.21	1/10950000	0.09
145	G003	G049	52.26179	0.01	40033.3474	0.23	1/17234000	0.06
146	G047	G003	238.41563	0.01	62660.3266	0.25	1/24835000	0.04
147	G045	G003	216.57375	0.01	40580.3673	0.26	1/15344000	0.07

最弱边

No.	FROM	TO	A(dms)	MA(s)	S(m)	MS(cm)	MS:S	ppm
43	G019	G017	340.47213	0.16	5252.3951	0.44	1/1187000	0.84

附 录

一、常用符号表

a—椭球长半径,b—椭球短半径,c—极点子午圈(卯酉圈)曲率半径

α—椭球扁率,e—椭球第一偏心率,e'—椭球第二偏心率;

B—大地纬度;B_f—底点纬度;L—大地经度;

H—大地高;ΔL、l—大地经差;ΔB—大地纬度差;B_m—平均纬度;

t—$\tan B$;η^2—$e'^2\cos^2 B$;W—$\sqrt{1-e^2\sin^2 B}$;V—$\sqrt{1+e'^2\cos^2 B}=\sqrt{1+\eta^2}$;

N—卯酉圈曲率半径;M—子午圈曲率半径;A—大地方位角。

二、地球椭球的常数

符号	克拉索夫斯基椭球	1975 年国际椭球	WGS-84 椭球	贝塞尔椭球
a	6378 245.0000	6378 140.0000	6378 137.0000	6377397.155
b	6356 863.01877	6356 755.28815	6356 752.3142	6356 078.963
α	0.003352329863	0.003352813178	0.000003352813	0.003342773
e^2	0.006693421623	0.0066943849996	0.00669437990	0.006674372
e'^2	0.0067385254147	0.00673950182	0.006739496742	0.0067192188

三、三角公式

1.倍角三角函数

$$\sin 2nx = \sum_{k=0}^{n-1}(-1)^k C_{2k+1}^{2n}\sin^{2k+1}x\cos^{2(n-1)-1}x$$

$$\sin(2n-1)x = \sum_{k=0}^{n-1}(-1)^k C_{2k+1}^{2n-1}\sin^{2k+1}x\cos^{2(n-1)-2}x$$

$$\cos 2nx = \sum_{k=0}^{n-1}(-1)^k C_{2k}^{2n}\cos^{2(n-k)}x\sin^{2k}x$$

$$\sin(2n-1)x = \sum_{k=0}^{n-1}(-1)^k C_{2k}^{2n-1}\cos^{2n-1}x\sin^{2(n-k)-1}x$$

$$\sin 2x = 2\sin x\cos x$$

$$\sin 3x = 3\sin x\cos^2 x - \sin^3 x$$

$$\sin 4x = 4\sin x\cos^3 x - 4\sin^3 x\cos x$$

$$\sin 5x = 5\sin x\cos^4 x - 10\sin^3 x\cos^2 x + \sin^5 x$$

$$\sin 6x = 6\sin x\cos^5 x - 20\sin^3 x\cos^3 x + 6\sin^5 x\cos x$$

$$\cos 2x = \cos^2 x - \sin^2 x$$

$$\cos 3x = \cos^3 x - 3\cos x\sin^2 x$$

$$\cos 4x = \cos^4 x - 6\cos^2 x\sin^2 x + \sin^4 x$$

$$\cos 5x = \cos^5 x - 10\cos^3 x\sin^2 x + 5\sin^5 x$$

$$\cos 6x = \cos^6 x - 15\cos^4 x\sin^2 x + 15\cos^2 x\sin^4 x - \sin^6 x$$

2.三角函数的幂函数化为倍角函数

$$\sin^{2n} x = \frac{1}{2^{2n-1}}\left\{\frac{1}{2}C_n^{2n} + \sum_{k=1}^{n}(-1)^k C_{n+k}^{2n}\cos 2kx\right\}$$

$$\sin^{2n-1} x = \frac{1}{2^{2n-2}}\sum_{k=0}^{n-1}(-1)^k C_{n+k}^{2n-1}\sin(2k+1)x$$

$$\cos^{2n} x = \frac{1}{2^{2n-1}}\left\{\frac{1}{2}C_n^{2n} + \sum_{k=1}^{n}C_{n+k}^{2n}\cos 2kx\right\}$$

$$\cos^{2n-1} x = \frac{1}{2^{2n-2}}\sum_{k=0}^{n-1}C_{n+k}^{2n-1}\cos(2k+1)x$$

$$\sin^2 x = \frac{1}{2} - \frac{1}{2}\cos 2x$$

$$\sin^3 x = \frac{3}{4}\sin x - \frac{1}{4}\sin 3x$$

$$\sin^4 x = \frac{3}{8} - \frac{1}{2}\cos 2x + \frac{1}{8}\cos 4x$$

$$\sin^5 x = \frac{5}{8}\sin x - \frac{5}{16}\sin 3x + \frac{1}{16}\sin 5x$$

$$\sin^6 x = \frac{5}{16} - \frac{15}{32}\cos 2x + \frac{3}{16}\cos 4x - \frac{1}{32}\cos 6x$$

$$\sin^7 x = \frac{35}{64}\sin x - \frac{21}{64}\sin 3x + \frac{7}{64}\sin 5x - \frac{1}{64}\sin 7x$$

$$\sin^8 x = \frac{35}{128} - \frac{7}{16}\cos 2x + \frac{7}{32}\cos 4x - \frac{1}{16}\cos 6x + \frac{1}{128}\cos 8x$$

$$\sin^9 x = \frac{63}{128}\sin x - \frac{21}{64}\sin 3x + \frac{9}{64}\sin 5x - \frac{9}{256}\sin 7x + \frac{1}{256}\sin 9x$$

$$\sin^{10} x = \frac{63}{256} - \frac{105}{256}\cos 2x + \frac{15}{64}\cos 4x - \frac{45}{512}\cos 6x + \frac{5}{256}\cos 8x - \frac{1}{512}\cos 10x$$

$$\cos^2 x = \frac{1}{2} + \frac{1}{2}\cos 2x$$

$$\cos^3 x = \frac{3}{4}\cos x + \frac{1}{4}\cos 3x$$

$$\cos^4 x = \frac{3}{8} + \frac{1}{2}\cos 2x + \frac{1}{8}\cos 4x$$

$$\cos^5 x = \frac{5}{8}\cos x + \frac{5}{16}\cos 3x + \frac{1}{16}\cos 5x$$

$$\cos^6 x = \frac{5}{16} + \frac{15}{32}\cos 2x + \frac{3}{16}\cos 4x + \frac{1}{32}\cos 6x$$

$$\cos^7 x = \frac{35}{64}\cos x + \frac{21}{64}\cos 3x + \frac{7}{64}\cos 5x + \frac{1}{64}\cos 7x$$

$$\cos^8 x = \frac{35}{128} + \frac{7}{16}\cos 2x + \frac{7}{32}\cos 4x + \frac{1}{16}\cos 6x + \frac{1}{128}\cos 8x$$

$$\cos^9 x = \frac{63}{128}\cos x + \frac{21}{64}\cos 3x + \frac{9}{64}\cos 5x + \frac{9}{256}\cos 7x + \frac{1}{256}\cos 9x$$

$$\cos^{10} x = \frac{63}{256} + \frac{105}{256}\cos 2x + \frac{15}{64}\cos 4x + \frac{45}{512}\cos 6x + \frac{5}{256}\cos 8x + \frac{1}{512}\cos 10x$$

四、球面直角三角形的球面三角公式

1.任一内角的余弦等于不相邻两内角的正弦之积

$$\cos A = \sin B \sin(90° - a) = \sin B \cos a$$

$$\cos B = \sin(90° - b)\sin A = \cos b \sin A$$

$$\sin a = \sin A \sin c$$

$$\sin b = \sin B \sin c$$

$$\cos c = \sin(90° - b)\sin(90° - a) = \cos a \cos b$$

2.任一内角的余弦等于相邻两内角的余切之积

$$\cos A = \cot(90° - b)\cot c = \tan b \cdot \cot c$$

$$\cos B = \cot(90° - a)\cot c = \tan a \cdot \cot c$$

$$\cos c = \cot A \cot B$$

$$\sin a = \tan b \cdot \cot B$$

$$\sin b = \tan a \cdot \cot A$$

五、常用级数

1.泰勒级数

$$f(x) = f(x_0 + h) = f(x_0) + f'(x_0)h + \frac{f''(x_0)}{2!}h^2 + \frac{f'''(x_0)}{3!}h^3 + \cdots$$

2. 三角函数级数

$$\sin(x_0 + h) = \sin x_0 + \frac{h''}{\rho''}\cos x_0 - \frac{h''^2}{2\rho''^2}\sin x_0 - \frac{h'''^3}{3\rho'''}\cos x_0 + \cdots$$

$$\cos(x_0 + h) = \cos x_0 - \frac{h''}{\rho''}\sin x_0 - \frac{h''^2}{2\rho''^2}\cos x_0 + \frac{h'''^3}{3\rho'''}\sin x_0 + \cdots$$

$$\tan(x_0 + h) = \tan x_0 + \frac{h''}{\rho''}\frac{1}{\cos^2 x_0} + \frac{h''^2}{\rho''^2}\frac{\sin x_0}{\cos^3 x_0} + \cdots$$

$$\sin x = x - \frac{1}{6}x^3 + \frac{1}{120}x^5 - \frac{1}{5040}x^7 + \cdots + \frac{(-1)^{k-1}}{(2k-1)!}x^{2k-1} + \cdots \quad (-\infty < x < \infty)$$

$$\cos x = 1 - \frac{1}{2}x^2 + \frac{1}{24}x^4 - \frac{1}{720}x^6 + \cdots + \frac{(-1)^k}{(2k)!}x^{2k} + \cdots \quad (-\infty < x < \infty)$$

$$\tan x = x + \frac{1}{3}x^3 + \frac{2}{15}x^5 + \frac{17}{315}x^7 + \frac{62}{2835}x^9 + \frac{1382}{155925}x^{11} + \cdots \left(-\frac{\pi}{2} < x < \frac{\pi}{2}\right)$$

$$\sec x = 1 + \frac{1}{2}x^2 + \frac{5}{24}x^4 + \frac{61}{720}x^6 + \frac{277}{8064}x^8 + \frac{50521}{3628800}x^{10} + \cdots \left(-\frac{\pi}{2} < x < \frac{\pi}{2}\right)$$

3. 反三角函数级数

$$\arcsin x = x + \frac{1}{6}x^3 + \frac{3}{40}x^5 + \frac{5}{112}x^7 + \frac{35}{1152}x^9 + \frac{63}{2816}x^{11} + \cdots$$

$$\arctan x = x - \frac{1}{3}x^3 + \frac{1}{5}x^5 - \frac{1}{7}x^7 + \frac{1}{9}x^9 - \frac{1}{11}x^{11} + \cdots$$

4. 二项式幂级数

$$(1 \pm x)^n = 1 \pm nx + \frac{n(n-1)}{2!}x^2 \pm \frac{n(n-1)(n-2)}{3!}\frac{3}{40}x^3 + \cdots$$

$$\frac{1}{1 \pm x} = 1 \mp x + x^2 \mp x^3 + \cdots + (\mp 1)^k x^k$$

$$\frac{1}{(1 \pm x)^2} = 1 \pm 2x + 3x^2 \pm 4x^3 + \cdots + (\mp 1)^k(k+1)x^k + \cdots$$

$$\sqrt{1 \pm x} = 1 \pm \frac{1}{2}x - \frac{1}{8}x^2 \pm \frac{1}{16}x^3 - \frac{5}{128}x^4 \pm \cdots + \frac{(\mp 1)^{k-1}1 \cdot 3 \cdot 5 \cdot 7 \cdots (2k-3)}{2^k \cdot k!}x^k + \cdots$$

$$\frac{1}{\sqrt{1 \pm x}} = 1 \mp \frac{1}{2}x + \frac{3}{8}x^2 \mp \frac{5}{16}x^3 + \frac{35}{128}x^4 \mp \cdots + \frac{(\mp 1)^k 1 \cdot 3 \cdot 5 \cdot 7 \cdots (2k-1)}{2^k k!}x^k + \cdots$$

$$\sqrt[n]{(1 \pm x)^m} = 1 \pm \frac{m}{n}x + \frac{m(m-n)}{n \cdot 2n}\frac{3}{8}x^2 \mp \frac{m(m-n)(m-2n)}{n \cdot 2n \cdot 3n}x^3 + \cdots$$

$$+ \frac{(\pm 1)^k m(m-n)(m-2n)\cdots[m-(k-1)n]}{n \cdot 2n \cdot 3n \cdot \cdots \cdot kn}x^k + \cdots \quad (-1 < x < 1)$$

5. 幂级数回代公式

设 $y = \sum\limits_{k=1}^{+\infty} a_k x^k \quad (a_1 \neq 0)$，则反算公式为：$x = \sum\limits_{k=1}^{+\infty} b_k y^k$。

$$b_1 = \frac{1}{a_1}, \quad b_2 = -\frac{a_2}{a_1^3}$$

$$b_3 = \frac{1}{a_1^5}(2a_2^2 - a_1 a_3)$$

$$b_4 = \frac{1}{a_1^7}(5a_1 a_2 a_3 - a_1^2 a_4 - 5a_2^3)$$

$$b_5 = \frac{1}{a_1^9}(6a_1^2 a_2 a_5 + 3a_1^2 a_3^2 + 14a_2^4 - a_1^3 a_5 - 21a_1 a_2^2 a_3)$$

$$b_6 = \frac{1}{a_1^{11}}(84a_1 a_2^3 a_3 + 7a_1^3 a_2 a_5 + 7a_1^3 a_3 a_4 - a_1^4 a_6 - 28a_1^2 a_2^2 a_4 - 28a_1^2 a_2 a_3^2 - 42a_2^5)$$

6.三角级数回代公式

$$y = x + p_2\sin 2x + p_4\sin 4x + p_6\sin 6x + p_8\sin 8x + \cdots$$

$$x = y + q_2\sin 2y + q_4\sin 4y + q_6\sin 6y + q_8\sin 8y + \cdots$$

式中

$$q_2 = -p_2 - p_2 p_4 + \frac{1}{2}p_2^3 + \cdots$$

$$q_4 = -p_4 + p_2^2 - 2p_2 p_6 + 4p_2^2 p_4 + \cdots$$

$$q_6 = -p_6 + 3p_2 p_4 - \frac{3}{2}p_2^3 + \cdots$$

$$q_8 = -p_8 + 2p_2^4 + 4p_2 p_6 + \cdots$$

六、常用量的导数和展开式

1. $\tan B$ 的各阶导数

设 $t = \tan B$，则 $\dfrac{\mathrm{d}t^n}{\mathrm{d}B} = nt(t^{n-2} + t^n)$

$$\frac{\mathrm{d}t}{\mathrm{d}B} = 1 + t^2, \quad \frac{\mathrm{d}^2 t}{\mathrm{d}B^2} = 2t(1 + t^2)$$

$$\frac{\mathrm{d}^3 t}{\mathrm{d}B^3} = 2(1 + t^2)(1 + 3t^2)$$

$$\frac{\mathrm{d}^4 t}{\mathrm{d}B^4} = 8t(1 + t^2)(2 + 3t^2), \quad \frac{\mathrm{d}^5 t}{\mathrm{d}B^5} = 8(1 + t^2)(2 + 15t^2 + 15t^4)$$

2. $\eta^2 \text{、} V \text{、} V^n \text{、} \dfrac{1}{V^n}$ 的各阶导数

$$\eta^2 = e'^2\cos B$$

$$\frac{\mathrm{d}\eta^n}{\mathrm{d}B} = -n\eta^n t$$

$$\frac{\mathrm{d}\eta^2}{\mathrm{d}B} = -2\eta^2 t$$

$$\frac{\mathrm{d}^2 \eta^2}{\mathrm{d}B^2} = -2\eta^2(1 - t^2), \quad \frac{\mathrm{d}^3 \eta^2}{\mathrm{d}B^3} = 8\eta^2 t$$

$$\frac{\mathrm{d}^4 \eta^2}{\mathrm{d}B^4} = 8\eta^2(1 - t^2), \quad \frac{\mathrm{d}^5 \eta^2}{\mathrm{d}B^5} = -16\eta^2 t$$

$$V = \sqrt{1 + \eta^2}, \quad \frac{\mathrm{d}V}{\mathrm{d}B} = \frac{1}{2V}\frac{\mathrm{d}\eta^2}{\mathrm{d}B} = -\frac{\eta^2}{V}t$$

$$\frac{\mathrm{d}^2 V}{\mathrm{d}B^2} = -\frac{\eta^2}{V^2}(1 - t^2 + \eta^2)$$

$$\frac{\mathrm{d}^3 V}{\mathrm{d}B^3} = \frac{\eta^2 t}{V^5}(4 + 5\eta^2 + 3\eta^2 t^2 + \eta^4)$$

$$\frac{\mathrm{d}^4 V}{\mathrm{d}B^4} = \frac{\eta^2}{V^7}(4 - 4t^2 + 9\eta^2 + 10\eta^2 t^2 - 3\eta^2 t^4 + \cdots)$$

$$\frac{\mathrm{d}^5 \eta^2}{\mathrm{d}B^5} = -\frac{16\eta^2 t}{V^9} + \cdots$$

$$\frac{\mathrm{d}V^n}{\mathrm{d}B} = nV^{n-1}\frac{\mathrm{d}V}{\mathrm{d}B} = -n\frac{\eta^2 t}{V^{n-2}}$$

$$\frac{\mathrm{d}^2 V^n}{\mathrm{d}B^2} = -n\frac{\eta^2}{V^{4-n}}\left[(1 - t^2 + \eta^2 + (1 - n)\eta^2 t^2)\right]$$

$$\frac{\mathrm{d}^3 V^n}{\mathrm{d}B^3} = n\frac{\eta^2 t}{V^{6-n}}\left[(4 - (-2 - 3n)\eta^2 + 3(2 - n)\eta^2 t^2 - (2 - 3n)\eta^4 - (1 - n)(2 - n)\eta^4 t^2\right]$$

$$\frac{\mathrm{d}^4 V^n}{\mathrm{d}B^4} = n\frac{\eta^2}{V^{8-n}}\left[(4 - 4t^2 - 3(-2 - n)\eta^2 + (32 - 22n)\eta^2 t^2 - 3(2 - n)\eta^2 t^4 + \cdots)\right]$$

$$\frac{\mathrm{d}/V^n}{\mathrm{d}B} = n\frac{\eta^2 t}{V^{n+2}}$$

$$\frac{\mathrm{d}^2}{\mathrm{d}B^2}\left(\frac{1}{V^n}\right) = n\frac{\eta^2}{V^{4+n}}\left[(1 - t^2 + \eta^2 + (n + 1)\eta^2 t^2)\right]$$

$$\frac{\mathrm{d}^3}{\mathrm{d}B^3}\left(\frac{1}{V^n}\right) = -n\frac{\eta^2 t}{V^{n+6}}\left[4 - (3n - 2)\eta^2 + 3(n + 2)\eta^2 t^2 - (3n + 2)\eta^4 - (n + 1)(n + 2)\eta^4 t^2\right]$$

$$\frac{\mathrm{d}^4}{\mathrm{d}B^4}\left(\frac{1}{V^n}\right) = -n\frac{\eta^2}{V^{n+8}}\left[4 - 4t^2 - 3(n - 2)\eta^2 + (22n + 32)\eta^2 t^2 - 3(n + 2)\eta^2 t^4 + \cdots\right]$$

$$\frac{\mathrm{d}^5}{\mathrm{d}B^5}\left(\frac{1}{V^n}\right) = 16n\frac{\eta^2 t}{V^{n+10}}(1 + \cdots)$$

3.M、N、R 的各阶导数

因为 $M = \dfrac{c}{V^3}$，取 $n = 3$，代入 $\dfrac{1}{V^n}$ 的各阶导数公式可得

$$\frac{\mathrm{d}M}{\mathrm{d}B} = 3M\frac{\eta^2 t}{V^2}$$

$$\frac{\mathrm{d}^2 M}{\mathrm{d}B^2} = 3M\frac{\eta^2}{V^4}(1 - t^2 + \eta^2 + 4\eta^2 t^2)$$

$$\frac{\mathrm{d}^3 M}{\mathrm{d}B^3} = -3M\frac{\eta^2 t}{V^6}(4 - 7\eta^2 + 15\eta^2 t^2 - 11\eta^4 - 20\eta^4 t^2)$$

$$\frac{\mathrm{d}^4 M}{\mathrm{d}B^4} = -3M\frac{\eta^2}{V^8}(4 - 4t^2 - 3\eta^2 + 98\eta^2 t^2 - 15\eta^2 t^4)$$

$$\frac{\mathrm{d}^5 M}{\mathrm{d}B^5} = 48M\frac{\eta^2 t}{V^{10}}$$

因为 $N = \dfrac{c}{V}$，取 $n = 1$，代入 $\dfrac{1}{V^n}$ 的各阶导数公式可得

$$\left. \begin{aligned} \frac{\mathrm{d}N}{\mathrm{d}B} &= N \frac{\eta^2 t}{V^2} \\ \frac{\mathrm{d}^2 N}{\mathrm{d}B^2} &= N \frac{\eta^2}{V^4}(1 - t^2 + \eta^2 + 2\eta^2 t^2) \end{aligned} \right\}$$

$$\left. \begin{aligned} \frac{\mathrm{d}^3 N}{\mathrm{d}B^3} &= -N \frac{\eta^2 t}{V^6}(4 - \eta^2 + 9\eta^2 t^2 - 5\eta^4 - 6\eta^4 t^2) \\ \frac{\mathrm{d}^4 N}{\mathrm{d}B^4} &= -N \frac{\eta^2}{V^8}(4 - 4t^2 + 3\eta^2 + 54\eta^2 t^2 - 9\eta^2 t^4) \\ \frac{\mathrm{d}^5 N}{\mathrm{d}B^5} &= 16N \frac{\eta^2 t}{V^{10}} \end{aligned} \right\}$$

因为 $R = \dfrac{c}{V^2}$，取 $n = 2$，代入 $\dfrac{1}{V^n}$ 的各阶导数公式可得

$$\left. \begin{aligned} \frac{\mathrm{d}R}{\mathrm{d}B} &= 2R \frac{\eta^2 t}{V^2} \\ \frac{\mathrm{d}^2 R}{\mathrm{d}B^2} &= 2R \frac{\eta^2}{V^4}(1 - t^2 + \eta^2 + 3\eta^2 t^2) \\ \frac{\mathrm{d}^3 R}{\mathrm{d}B^3} &= -2R \frac{\eta^2 t}{V^6}(4 - 4\eta^2 + 12\eta^2 t^2 - 8\eta^4 - 12\eta^4 t^2) \\ \frac{\mathrm{d}^4 R}{\mathrm{d}B^4} &= -2R \frac{\eta^2}{V^8}(4 - 4t^2 + 76\eta^2 t^2 - 12\eta^2 t^4) \\ \frac{\mathrm{d}^5 R}{\mathrm{d}B^5} &= 32R \frac{\eta^2 t}{V^{10}} \end{aligned} \right\}$$

4. $\dfrac{1}{M}$、$\dfrac{1}{N}$、$\dfrac{1}{R}$ 的各阶导数

因为 $\dfrac{1}{M} = \dfrac{V^3}{c}$、$\dfrac{1}{N} = \dfrac{V}{c}$、$\dfrac{1}{R} = \dfrac{V^2}{c}$，根据 V^n 的各阶导数公式，分别取 $n = 3$、$n = 2$、$n = 1$，得

$$\left. \begin{aligned} \frac{\mathrm{d}}{\mathrm{d}B}\left(\frac{1}{M}\right) &= -3 \frac{\eta^2 t}{MV^2} \\ \frac{\mathrm{d}^2}{\mathrm{d}B^2}\left(\frac{1}{M}\right) &= -3 \frac{\eta^2}{MV^4}(1 - t^2 + \eta^2 - 2\eta^2 t^2) \\ \frac{\mathrm{d}^3}{\mathrm{d}B^3}\left(\frac{1}{M}\right) &= 3 \frac{\eta^2 t}{MV^6}(4 - 11\eta^2 - 3\eta^2 t^2 + 7\eta^4 + 3\eta^4 t^2) \\ \frac{\mathrm{d}^4}{\mathrm{d}B^4}\left(\frac{1}{M}\right) &= 3 \frac{\eta^2}{MV^8}(4 - 4t^2 + 15\eta^2 - 34\eta^2 t^2 + 3\eta^2 t^4) \end{aligned} \right\}$$

$$\left. \begin{aligned} \frac{\mathrm{d}}{\mathrm{d}B}\left(\frac{1}{N}\right) &= -\frac{\eta^2 t}{NV^2} \\ \frac{\mathrm{d}^2}{\mathrm{d}B^2}\left(\frac{1}{N}\right) &= -\frac{\eta^2}{NV^4}(1 - t^2 + \eta^2) \\ \frac{\mathrm{d}^3}{\mathrm{d}B^3}\left(\frac{1}{N}\right) &= \frac{\eta^2 t}{NV^6}(4 + 5\eta^2 + 3\eta^2 t^2 + \eta^4) \\ \frac{\mathrm{d}^4}{\mathrm{d}B^4}\left(\frac{1}{N}\right) &= \frac{\eta^2}{NV^8}(4 - 4t^2 + 9\eta^2 + 10\eta^2 t^2 - 3\eta^2 t^4) \end{aligned} \right\}$$

$$\frac{\mathrm{d}}{\mathrm{d}B}\left(\frac{1}{R}\right) = -2\frac{\eta^2 t}{RV^2}$$

$$\frac{\mathrm{d}^2}{\mathrm{d}B^2}\left(\frac{1}{R}\right) = -2\frac{\eta^2}{RV^4}(1 - t^2 + \eta^2 - \eta^2 t^2)$$

$$\frac{\mathrm{d}^3}{\mathrm{d}B^3}\left(\frac{1}{R}\right) = 2\frac{\eta^2 t}{RV^6}(4 + 8\eta^2 + 4\eta^4)$$

$$\frac{\mathrm{d}^4}{\mathrm{d}B^4}\left(\frac{1}{R}\right) = 2\frac{\eta^2}{RV^8}(4 - 4t^2 + 12\eta^2 - 12\eta^2 t^2)$$

$$\frac{\mathrm{d}^5}{\mathrm{d}B^5}\left(\frac{1}{R}\right) = -32\frac{\eta^2 t}{RV^{10}}$$

5. $\dfrac{1}{M^2}$、$\dfrac{1}{N^2}$、$\dfrac{1}{R^2}$ 的各阶导数

因为 $\dfrac{1}{M^2} = \dfrac{V^6}{c^2}$、$\dfrac{1}{N^2} = \dfrac{V^2}{c^2}$、$\dfrac{1}{R^2} = \dfrac{V^4}{c^2}$，根据 V^n 的各阶导数公式，分别取 $n = 6$、$n = 2$、$n = 4$，得

$$\frac{\mathrm{d}}{\mathrm{d}B}\left(\frac{1}{M^2}\right) = -6\frac{\eta^2 t}{M^2 V^2}$$

$$\frac{\mathrm{d}^2}{\mathrm{d}B^2}\left(\frac{1}{M^2}\right) = -6\frac{\eta^2}{M^2 V^4}(1 - t^2 + \eta^2 - 5\eta^2 t^2)$$

$$\frac{\mathrm{d}^3}{\mathrm{d}B^3}\left(\frac{1}{M^2}\right) = 6\frac{\eta^2 t}{M^2 V^6}(4 + 20\eta^2 - 12\eta^2 t^2 + 16\eta^4 - 20\eta^4 t^2)$$

$$\frac{\mathrm{d}^4}{\mathrm{d}B^4}\left(\frac{1}{M^2}\right) = 6\frac{\eta^2}{M^2 V^8}(4 - 4t^2 + 24\eta^2 - 100\eta^2 t^2 + 12\eta^2 t^4)$$

$$\frac{\mathrm{d}^5}{\mathrm{d}B^5}\left(\frac{1}{M^2}\right) = -96\frac{\eta^2 t}{M^2 V^{10}}$$

$$\frac{\mathrm{d}}{\mathrm{d}B}\left(\frac{1}{N^2}\right) = -2\frac{\eta^2 t}{N^2 V^2}$$

$$\frac{\mathrm{d}^2}{\mathrm{d}B^2}\left(\frac{1}{N^2}\right) = -2\frac{\eta^2}{N^2 V^4}(1 - t^2 + \eta^2 - \eta^2 t^2)$$

$$\frac{\mathrm{d}^3}{\mathrm{d}B^3}\left(\frac{1}{N^2}\right) = 2\frac{\eta^2 t}{N^2 V^6}(4 + 8\eta^2 + 4\eta^4)$$

$$\frac{\mathrm{d}^4}{\mathrm{d}B^4}\left(\frac{1}{N^2}\right) = 2\frac{\eta^2}{N^2 V^8}(4 - 4t^2 - 12\eta^2 t^2)$$

$$\frac{\mathrm{d}^5}{\mathrm{d}B^5}\left(\frac{1}{N^2}\right) = -32\frac{\eta^2 t}{N^2 V^{10}}$$

$$\frac{d}{dB}\left(\frac{1}{R^2}\right) = -4\frac{\eta^2 t}{R^2 V^2}$$

$$\frac{d^2}{dB^2}\left(\frac{1}{R^2}\right) = -4\frac{\eta^2}{R^2 V^4}(1 - t^2 + \eta^2 - 3\eta^2 t^2)$$

$$\frac{d^3}{dB^3}\left(\frac{1}{R^2}\right) = 4\frac{\eta^2 t}{R^2 V^6}(4 + 14\eta^2 - 6\eta^2 t^2 + 10\eta^4 - 6\eta^4 t^2)$$

$$\frac{d^4}{dB^4}\left(\frac{1}{R^2}\right) = 4\frac{\eta^2}{R^2 V^8}(4 - 4t^2 + 18\eta^2 + 56\eta^2 t^2 + 6t^2 \eta^4)$$

$$\frac{d^5}{dB^5}\left(\frac{1}{R^2}\right) = -64\frac{\eta^2 t}{R^2 V^{10}}$$

6. N、W、V 的展开式

$$N = 1 - \frac{1}{2}e^2\sin^2 B - \frac{1}{8}e^4\sin^4 B - \frac{1}{16}e^6\sin^6 B - \frac{5}{128}e^8\sin^8 B - \frac{7}{256}e^{10}\sin^{10} B - \cdots$$

$$\frac{1}{W} = 1 + \frac{1}{2}e^2\sin^2 B + \frac{3}{8}e^4\sin^4 B + \frac{5}{16}e^6\sin^6 B + \frac{35}{128}e^8\sin^8 B + \frac{63}{256}e^{10}\sin^{10} B + \cdots$$

$$\frac{1}{W^2} = 1 + \frac{3}{2}e^2\sin^2 B + \frac{5}{8}e^4\sin^4 B + \frac{35}{16}e^6\sin^6 B + \frac{315}{128}e^8\sin^8 B + \frac{693}{256}e^{10}\sin^{10} B + \cdots$$

$$V = 1 + \frac{1}{2}e'^2\cos^2 B - \frac{1}{8}e'^4\cos^4 B + \frac{1}{16}e'^6\cos^6 B - \frac{5}{128}e'^8\cos^8 B + \frac{7}{256}e'^{10}\cos^{10} B + \cdots$$

$$\frac{1}{V} = 1 - \frac{1}{2}e'^2\cos^2 B + \frac{3}{8}e'^4\cos^4 B - \frac{5}{16}e'^6\cos^6 B + \frac{35}{128}e'^8\cos^8 B - \frac{63}{256}e'^{10}\cos^{10} B + \cdots$$

7. 已知

$$\left.\begin{array}{l} X = N\cos B\cos L \\ Y = N\cos B\sin L \\ Z = N(1 - e^2)\sin B \end{array}\right\}$$

则有

$$\left.\begin{array}{l} \dfrac{\partial X}{\partial B} = -\dfrac{N}{V^2}\sin B\cos L = -M\sin B\cos L \\[2mm] \dfrac{\partial Y}{\partial B} = -\dfrac{N}{V^2}\sin B\sin L = -M\sin B\sin L \\[2mm] \dfrac{\partial Z}{\partial B} = \dfrac{N}{V^2}\cos B = M\cos B \end{array}\right\}$$

$$\left.\begin{array}{l} \dfrac{\partial X}{\partial L} = -N\cos B\sin L = -r\sin L \\[2mm] \dfrac{\partial Y}{\partial L} = N\cos B\cos L = r\cos L \\[2mm] \dfrac{\partial Z}{\partial L} = 0 \end{array}\right\}$$

参考文献

[1]孔祥元,郭际明,刘宗泉.大地测量学基础.武汉:武汉大学出版社,2005.

[2]管泽霖,宁津生.地球形状与外部重力场(上、下册).北京:测绘出版社,1981.

[3]陈健,薄志鹏.应用大地测量学.北京:测绘出版社,1989.

[4]陈健,晁定波.椭球大地测量学.北京:测绘出版社,1989.

[5]朱华统.大地坐标系的建立.北京:测绘出版社,1986.

[6]朱华统,黄继文.椭球大地计算.北京:八一出版社,1993.

[7]董艳英,刘采璋,徐德宝.实用天文测量学.武汉:武汉测绘科技大学出版社,1991.

[8]郝岩.深空测控网.北京:国防工业出版社,2004.

[9]郝岩.航天测控网.北京:国防工业出版社,2004.

[10]胡明城,鲁福.现代大地测量学(上、下册).北京:测绘出版社,1993,1994.

[11]徐正扬,刘振华,吴国良.大地控制测量学.北京:解放军出版社,1992.

[12]杨启和.地图投影变换原理与方法.北京:解放军出版社,1989.

[13]孔祥元,梅是义.控制测量学(上、下册).武汉:武汉测绘科技大学出版社,1996.

[14]徐绍铨,吴祖仰.大地测量学.武汉:武汉测绘科技大学出版社,1996.

[15]於宗俦,鲁林成.测量平差基础.北京:测绘出版社,1982.

[16]武汉大学测绘学院测量平差学科组.误差理论与测量平差基础.武汉:武汉大学出版社,2003.

[17]许其凤.GPS卫星导航与精密定位.北京:解放军出版社,1989.

[18]Gunter Seeber.卫星大地测量学.赖锡安,游新兆,等,译.北京:地震出版社,1998.

[19]陆仲连,吴晓平.人造地球卫星与地球重力场.北京:测绘出版社,1993.

[20]周忠谟,易杰军,周琪.GPS卫星测量原理与应用.北京:测绘出版社,1995.

[21]国家自然科学基金委员会.大地测量学.北京:科学出版社,1994.

[22]吕志平,刘波.大地测量信息系统.北京:解放军出版社,1998.

[23]解放军总参谋部测绘局.国家三角测量和精密导线测量规范.北京:测绘出版社,1974.

[24]建筑工程部综合勘察院,建筑工程部城市设计院.城市测量规范.北京:中国建筑工业出版社,1985.

[25]岑虹,孙仁心.控制测量实习指导书.北京:测绘出版社,1992.

[26]中华人民共和国国家标准.国家一、二等水准测量规范,GB/T 12897-2006.北京:中国标准出版社,2006.

[27]中华人民共和国测绘行业标准.三、四等导线测量规范,CH/T 2007-2001.北京:测绘出版社,2001.

[28]中华人民共和国国家标准.国家三角测量规范,GB/T 17942-2000.北京:中国标准

出版社,2000.

[29]中华人民共和国国家标准.全球定位系统(GPS)测量规范,GB/T18314-2001.北京：中国标准出版社,2001.

[30]Maarten Hooi jberg. Practical Geodesy. Springer, 1997.

[31]Wolfgang Torge. Geodesy. Second Edition Berlin. New York, 1991.

[32]Wolfgang Werner. Entwicklung eines hochpräzisen DGPS-DGLONASS Navigation-systems unter besonderer Berücksichtigung Von Pseudolites. UNIVERSIÄT DER BUNDESWEHR MüUNCHEN Heft 64, 1999.